Sora
文生视频
AI短视频生成与制作

邱文祥　邬厚民　李仕华　刘佳宇◎编著

民主与建设出版社

·北京·

图书在版编目（CIP）数据

Sora 文生视频：AI 短视频生成与制作 / 邱文祥等编
著 . -- 北京：民主与建设出版社，2024.5.
ISBN 978-7-5139-4644-5

Ⅰ. TN948.4-39

中国国家版本馆 CIP 数据核字第 2024EK5408 号

Sora 文生视频：AI 短视频生成与制作
Sora WENSHENG SHIPIN AI DUANSHIPIN SHENGCHENG YU ZHIZUO

编　著	邱文祥　邬厚民　李仕华　刘佳宇
责任编辑	廖晓莹
封面设计	谢少红
出版发行	民主与建设出版社有限责任公司
电　话	（010）59417749　59419778
社　址	北京市海淀区西三环中路 10 号望海楼 E 座 7 层
邮　编	100142
印　刷	河北万卷印刷有限公司
版　次	2024 年 5 月第 1 版
印　次	2024 年 7 月第 1 次印刷
开　本	710 毫米 ×1000 毫米　　1/16
印　张	11.75
字　数	200 千字
书　号	ISBN 978-7-5139-4644-5
定　价	98.00 元

注：如有印、装质量问题，请与出版社联系。

前言 PREFACE

在这个信息爆炸的时代，人工智能（AI）已经融入人们生活中。从简单的自动化任务到复杂的决策制定，AI 的影响力日益扩大。而在众多 AI 应用中，视频内容的生成与编辑无疑是最引人注目的领域之一。本书旨在深入探讨这一主题，为读者提供一个全面的视角来理解和应用 Sora——一个先进的 AI 视频生成工具。

在本书中，我们将一起探索 Sora 的起源、技术原理、功能以及它在商业化应用中的潜力。本书会从 Sora 如何利用算法和人工智能技术将文字信息转化为生动的视频内容讲起，再逐步深入它的技术细节、应用实例以及在使用 AI 生成内容时需要考虑的伦理问题。

通过本书，读者不仅能够对 Sora 有深入了解，还能学习到如何有效地利用这一工具创造具有吸引力的视频内容。无论你是多媒体行业的专业人士，还是对 AI 视频生成感兴趣的爱好者，都能在这里找到所需的知识和灵感。

让我们一起开启这段探索 Sora 的旅程，窥见 AI 的未来，以及它如何塑造我们获取和交流信息的方式。

目录 CONTENTS

第 1 章　Sora 是谁

2022 年 11 月，ChatGPT 横空出世，2023 年堪称 ChatGPT 元年。2024 年，AI 进化的速度再超预期，又一种新的 AI 工具惊艳面世，迅速火爆全网，它就是 Sora。

Sora 是由推出 ChatGPT 的人工智能研究公司 OpenAI 发布的。作为首个人工智能文生视频大模型，它能够根据文本描述生成逼真的视频内容，并将时长提升到一分钟。这一技术创新正与它的名字相符，"Sora" 在日文中有 "天空" 之意，象征着无限可能的创造潜力（图 1–1）。

在 Sora 之前，也有很多 AI 视频生成工具进入公众视野，但并没有引起广泛关注，为何 Sora 的讨论热度能够以惊人的速度持续发酵？下面让我们带着疑问，一步步认清 Sora 的底层逻辑。

图 1-1 Sora 为自己生成的视频

1.1 算法与人工智能

本节将向读者介绍一些计算机的基础概念，了解这些基础理论知识可以帮助读者更清晰地认识 Sora 及其技术原理。

1.1.1 算法

在计算机相关领域，"算法"是一个出现频率非常高的词语。可以说算法是一切程序的基础。

算法并没有想象的那样高深难懂，简单地说，算法就是按照顺序排列的一系列指令。下面来看一个例子：

$$整数a；整数b；整数c；$$

$$a+b=c；$$

$$输入a；输入b；输出c；$$

这些指令解释起来是这样的：首先，告诉计算机，我需要你腾出三个位置

用来存放整数 a，b，c；其次，告诉计算机这三个数之间的关系，我需要你将 a 与 b 相加，并把结果存储在 c 的位置里。这里与我们所熟悉的数学运算有所不同，在数学中"="所起的作用是比较与判断，而在计算机语言中，"="所代表的含义是将左侧的数值赋给右侧的变量。所以，$a+b=c$ 在计算机语言中的含义是"将 $a+b$ 的结果赋值给 c"。

在告诉计算机我们所需要的运算之后，剩下的就是具体的操作步骤。下面三个指令的意思是让计算机接收输入的 a 与 b 两个整数，最后输出 c 的数值。

上面展示了一个完整的加法算法，该算法是搭建所有计算机程序最根本的"砖头"。从这个例子中，我们可以总结一下算法的结构是怎样的。

第一部分：告诉计算机，我需要哪些数据。

第二部分：我需要用这些数据进行哪些运算。

第三部分：进行数据的输入与输出，最终给出我们所需要的答案。

1.1.2　人工智能

前面了解了什么是算法，接下来我们看看人工智能与算法之间是怎样的关系。

什么是人工智能呢？在日常生活比较模糊的认知里，人工智能似乎是一个有些智力的程序，它能听懂我们说的话，能帮我们做一些简单的事情。虽然人工智能有智力，却不多，在面对比较复杂的情况时人工智能会陷入"人工智障"的尴尬境地。

事实上，人工智能的本体同样是由算法构成的程序，与一般程序的区别在于，人工智能是具有自我学习、自我进化能力的程序。

所有的人工智能都要经过训练来学习和练习具体的能力，而训练中所使用的方法就是前文所讲的算法。训练过程中，我们还要使用各种各样的数据来让人工智能学习和分辨不同数据之间的区别和联系，这些数据被叫作"数据集"。数据集还需要一分为二：一部分数据用来训练人工智能，被叫作"训练集"；另一部分数据用来测试人工智能学习之后的效果，就像课本里的课后习题，被叫作"测试集"。完成学习，成功毕业的人工智能，我们称它为完成训练的"模型"。

算法、数据、模型这三者是构成人工智能的三大要素。

人工智能的应用与发展远远超出了一般人的认识。很多人认为人工智能的爆发是从 ChatGPT 开始的，可实际上人类在人工智能领域已经默默耕耘了半个多世纪，人工智能早已深度融入人们的生产生活之中。

之所以会有"人工智障"这种大众印象存在，是因为生活中人们所接触到的人工智能大多是"弱人工智能"，它们在设计之初便不具备完成复杂任务的能力。

有"弱"就有"强"，大语言模型与 ChatGPT 的出现使得人工智能迈上了一个新的台阶，之后出现的图像生成模型，乃至 Sora 视频生成模型，都在说明人工智能朝着"通用人工智能"的方向狂奔不止。

通用人工智能（Artificial General Intelligence，AGI）是现阶段人工智能发展的目标，我们可以将其理解为一个"万事通"。简单来说，AGI 就是让机器具备人类的智能，能够理解语言、解决问题、学习新事物，甚至进行创造。

目前我们使用的人工智能大多是专门为某项任务设计的，比如语音识别、图像识别。而 AGI 不同，它不是为了特定的任务，而是能够在很多不同的领域都表现出高水平的智能。

要实现 AGI，我们需要构建更加复杂、更加强大的人工智能模型，这些模型通过学习海量的数据，能够模仿人类的思考方式，从而在多个领域内进行学习和推理。不过要达到真正的 AGI 还有很长的路要走。

ChatGPT 与 Sora 所代表的意义会在后续的内容中详细解读。

1.1.3 从 0 到 100：人工智能简史

1956 年夏天，美国达特茅斯学院举办了一个特别的会议，邀请了很多知名的科学家参加。这场会议持续了整整一个月，科学家聚在一起讨论了一个在当时看来非常前沿的话题：是否可以让机器像人类一样学习，以及拥有其他智能特质？一位名叫麦卡锡的科学家在会议上提出了"人工智能"这个概念，并用它来定义这次讨论的主题。因此，1956 年被看作人工智能的元年。

　　自达特茅斯会议以后，人工智能技术开始了第一次快速发展。1958 年，麦卡锡发明了一种叫作 LISP 的编程语言，它是第一款专门用于人工智能研究的编程语言，直到今天 LISP 语言家族依然活跃在各专业领域。1965 年，美国斯坦福大学开发了第一个专家系统 DENDRAL，此时的人工智能已经开始应用于专业领域。1966 年，第一个能进行简单对话的机器人 Eliza 问世，它是第一个表现出类人特质的人工智能，让人感觉就像一个真正的、有自己思考的存在（图 1–2 为 Eliza 聊天界面）。在那个时期，人们对人工智能的未来充满乐观，诺贝尔经济学奖与图灵奖的双料得主赫伯特·西蒙曾预言在未来 20 年内，机器将能够完成所有人类可以完成的工作。

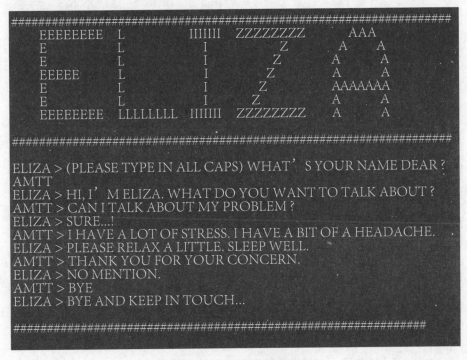

图 1–2　Eliza 聊天界面

但是，事情的发展并没有像预期的那样顺利。20 世纪 70 年代，人工智能进入了"寒冬"期。

那时的人们开始意识到人工智能在解决实际问题上的表现并没有想象的那么好，这就导致资金投入不断减少。1973 年，一位数学家莱特希尔在向英国科学院提交的报告中指出了人工智能的种种局限性，特别是在处理复杂问题时面临的困难。那个时期的人工智能虽然在实验室测试中表现出色，但在真实世界中的效果大打折扣。现在回过头分析，主要是因为当时的计算机处理能力有限，而且缺乏足够的常识性数据支持。

"寒冬"差不多维持了 10 年，到了 1980 年，实用专家系统的出现使得人工智能领域重新焕发生机，卡内基梅隆大学的 XCON 是其中一个突出的例子。XCON 也被称为 RI，它是为数字设备公司（DEC）开发的专家系统，主要的用途是自动化 VAX 计算机的订单和装配过程。XCON 能够根据客户的具体需求，选择合适的硬件组件，并生成详细的装配和测试指令。XCON 是第一个商业化成功的大规模专家系统，也向世人证明了人工智能技术在实际商业应用中的潜力。

然而好景不长，1987 年，人工智能遭遇了第二次低潮。这一次低潮的主要原因是个人电脑的崛起压制了人工智能的发展。那时苹果和 IBM 生产的台式电脑在计算速度和效率上超越了早期的大型计算机，导致大家不再依赖传统的人工智能设备，进而对人工智能的投资大幅减少。

1993 年后情况又开始好转，此时的人们对人工智能的未来再次持乐观态度，因为这个时候人工智能开始进入实际的生活场景。1997 年，IBM 开发的"深蓝"计算机在国际象棋比赛中战胜了世界冠军卡斯帕罗夫，成为人工智能历史上的一个里程碑，人工智能的发展逐渐进入爆发期，从数年发生一次技术迭代，发展到今天几个月就会出现一次技术迭代。

2002 年，iRobot 公司推出的 Roomba 扫地机器人在市场上大受欢迎。

2006 年，杰弗里·辛顿发表了深度学习的新理论。

2010 年，ImageNet 大规模视觉识别挑战赛（ILSVRC）开始举办，图像识别领域开始进入快车道。

2014 年，Google DeepMind 开发的 AlphaGo 首次击败人类职业围棋选手。

2015 年，微软的语音识别系统的识别准确率达到人类水平。

2016 年，AlphaGo 在围棋比赛中战胜了世界围棋冠军李世石。

2018 年，OpenAI 提出 GPT 模型。

2022 年，OpenAI 发布 ChatGPT。

2023 年 3 月，OpenAI 发布 ChatGPT-4。

2023 年 9 月，OpenAI 宣布 ChatGPT 具备多模态能力。

2023 年 10 月，DALL·E 3 与 ChatGPT 集成。

2024 年 2 月 16 日，OpenAI 发布文生视频模型 Sora。

1.2 一切的起点：OpenAI

这一节认识一下孕育了 ChatGPT 与 Sora 的人工智能领域领头羊——OpenAI（图 1-3）。

图 1-3　OpenAI

2015 年 12 月，世界知名的机器学习和人工智能专家以及专业投资人聚集在一起举行了一场会议，这次会议改变了人工智能技术的发展走向。参会者包括萨姆·奥尔特曼（Sam Altman）、格雷格·布罗克曼（Greg Brockman）、里德·霍夫曼（Reid Hoffman）、杰西卡·利文斯顿（Jessica Livingston）、彼得·蒂尔（Peter Thiel）、埃隆·马斯克（Elon Musk）以及来自 Y Combinator、印孚瑟斯技术有限公司（Infosys）和亚马逊网络服务（Amazon Web Services）的代表。几位商业公司的投资人共同承诺了超过 10 亿美元的资金，建立了这家后来被称为 OpenAI 的公司。

OpenAI 的总部位于加利福尼亚州的旧金山。在最初的几年，OpenAI 并不是很引人注目，这一时期的 OpenAI 将主要的精力放在了对人工智能的研究上，推出了商业化产品 OpenAI Gym（强化学习平台）和 Universe（人工智能性能评估平台）。

此时，OpenAI 最受欢迎的产品是以 MOBA 游戏 DOTA2 为背景推出的 DOTA2 对战机器人 OpenAI Five，埃隆·马斯克也是在这一时期选择了离职。

OpenAI 对人工智能技术的突破来自下面这个理论基点。

AI 在处理语句的时候，是把每句话当成一个完整的整体来理解的，这样的处理方式既不精准也不高效，而新的理论加入了一种"注意力机制"来优化这个问题。这个机制能让人工智能像人类一样，逐个单词地分析整句话，找出语句中的关键词，然后把计算的重点放在这些关键词上。这套理论为之后所有的生成式大模型打开了一扇新的窗户，其中当然也包括 ChatGPT 与 Sora。

GPT 的第一版诞生于 2018 年，它就是利用了前文提到的"注意力机制"的概念。OpenAI 使用一个有限的数据集来训练 GPT-1，尽管数据有限，但 GPT-1 的表现超出了很多人的预期，它不仅能够生成连贯的文本，还能在一定程度上理解文本的内容。

GPT-1 的成功展示了这种新理论的潜力，但 OpenAI 并没有就此止步，不到一年时间它就发布了 GPT-2。与第一版相比，GPT-2 更快、更强大，它不仅在模型结构上有所改进，而且使用了一个庞大的数据集进行训练，这个数据集包含了超过 800 万个网站的信息。这使得 GPT-2 在文本生成的质量上有了显著的提升，它能够产生更加流畅、逻辑性更强的文本，并且在处理复杂的语言任务时得心应手。

可以说，GPT-2 不仅改变了我们对机器理解语言能力的认识，也为未来开发更多创新的人工智能应用打下了基础。随着数据量的增加和模型结构的优化，GPT-2 在理解文本意图、生成文章、翻译语言等方面都显示出惊人的能力。

通过对这两代模型的研究和开发，OpenAI 不仅推动了人工智能技术的发展，也引领了整个行业的趋势。GPT-2 的发布证明了大规模数据和复杂模型结构对提高人工智能性能的重要性。

紧接着 GPT-2 的脚步，OpenAI 在 2020 年推出了更先进的 GPT-3 模型。GPT-3 的模型参数数量达到了惊人的 1750 亿个，相较于 GPT-2 的 15 亿参数量，其规模和能力有了质的飞跃。GPT-3 的训练数据集更庞大和更多样，包括了图书、网页和其他文本，覆盖了更加广泛的知识领域和语言风格。这一巨大的进步使 GPT-3 在文本生成、任务执行、语言理解等多方面的表现都远超以往的模型，它能够完成编程、撰写文章、诗歌创作、问题解答等多种复杂任务，展示出接近人类水平的语言处理能力。

GPT-3 的出现标志着 OpenAI 在生成式预训练变换模型领域的又一重大突破，促使学术界、工业界乃至社会各界对人工智能的潜能、应用前景以及伦理道德问题进行更深入的探讨和反思。随着模型性能的持续提升，人工智能在语言理解和生成方面的应用更加广泛，同时对数据质量、模型透明度、使用的可持续性等方面提出了新的要求。

在 GPT-3 大放异彩之后，OpenAI 没有停下探索的步伐，继续在模型优化、算法创新以及应用拓展上进行深入研究。2021 年，OpenAI 推出了 GPT-3.5，作为 GPT-3 的增强版，它在模型训练方法、算法效率以及自然语言理解的精确度上都有所提升。GPT-3.5 在维持参数规模不变的前提下，通过优化训练技术和数据处理流程，实现了对文本更深层次的语义把握和更流畅的文本生成过程。此版本模型在处理复杂对话、专业领域知识咨询以及创意内容创作等方面展现出更高的适应性和准确性。

随后，OpenAI 于 2023 年 3 月发布了革命性的 GPT-4。GPT-4 不仅在参数规模上有所扩大，达到了数万亿级别，更重要的是它在模型架构和训练方法上的创新大大提高了模型的理解能力。GPT-4 通过更复杂的内部结构，能够更好地理解和生成具有复杂结构和深层次逻辑的文本，同时多语言处理、跨领域知识融合能力也有显著提高。

2023 年 11 月，OpenAI 推出了 GPT-4 Turbo。GPT-4 Turbo 不仅继承了 GPT-4 的高性能特点，还在响应速度、能效比以及用户交互体验上进行了显著优化。这一版本特别针对实时交互场景进行了优化，大幅度提升了在对话系统、即时内容生成以及在线教育辅导等应用中的表现。

2024 年 2 月 16 日，OpenAI 再次放出一颗重磅炸弹——Sora 的出现完成了全能型多模态人工智能的最后一块版图，人类开始进入 AGI 的实践阶段。

1.3 ChatGPT 与 Sora

ChatGPT 与 Sora 是 OpenAI 最重要的两款人工智能产品。ChatGPT 是 OpenAI 对大语言模型这一领域探索的开始，而 Sora 是对 OpenAI 现有技术的一次总结，也就是人们常说的对外界"秀肌肉"的产品。

ChatGPT 也被称作聊天机器人，这个概念的起点就是我们在人工智能简史中提到的 Eliza，那么比起早期的聊天机器人，ChatGPT 到底先进在哪里？

相信很多读者在网络购物或拨打网络运营商电话时都跟机器人客服打过交道，各位觉得体验如何呢？

早期的聊天机器人的工作原理相对简单，它们会分析用户输入的文字，在其中寻找关键词或短语，然后根据匹配到的关键词从一组预定的回复中选择一个来响应。早期的聊天机器人往往只能理解和回应很狭窄的话题范围，并且它们的回应显得机械与不自然。

下面是一段与机器人客服的对话。

> 客服：您好，我是客服小咯吱，很高兴为您服务。请问您有什么问题呢？
>
> 　　1. 产品咨询
>
> 　　2. 售后服务
>
> 　　3. 其他
>
> 我：我买的鞋两只脚大小不一样，怎么退换货？
>
> 客服：如果您购买的产品有任何问题，请将产品连同购买凭证一起邮寄回我们的店铺，并在购买页面点击"退换货"。非常抱歉为您带来的不便。
>
> 我：邮寄的时候选什么？货到付款吗？
>
> 客服：对不起，我不明白您的问题。请访问我们的"帮助中心"获取更多信息。
>
> 我：退换货的邮寄方式。
>
> 客服：如果您购买的产品有任何问题，请将产品连同购买凭证一起邮寄回我们的店铺，并在购买页面点击"退换货"。非常抱歉为您带来的不便。
>
> 我：我要换人工客服……

早期的聊天机器人所能进行的交流非常有限，一旦超出这个狭窄的范围，它就不知道该怎么做了，并且对话语中关键词的判断也不准确，经常性地出现误判，答得驴唇不对马嘴。

接下来先不谈原理，我们直观地感受一下 ChatGPT 的进步，见图 1-4。

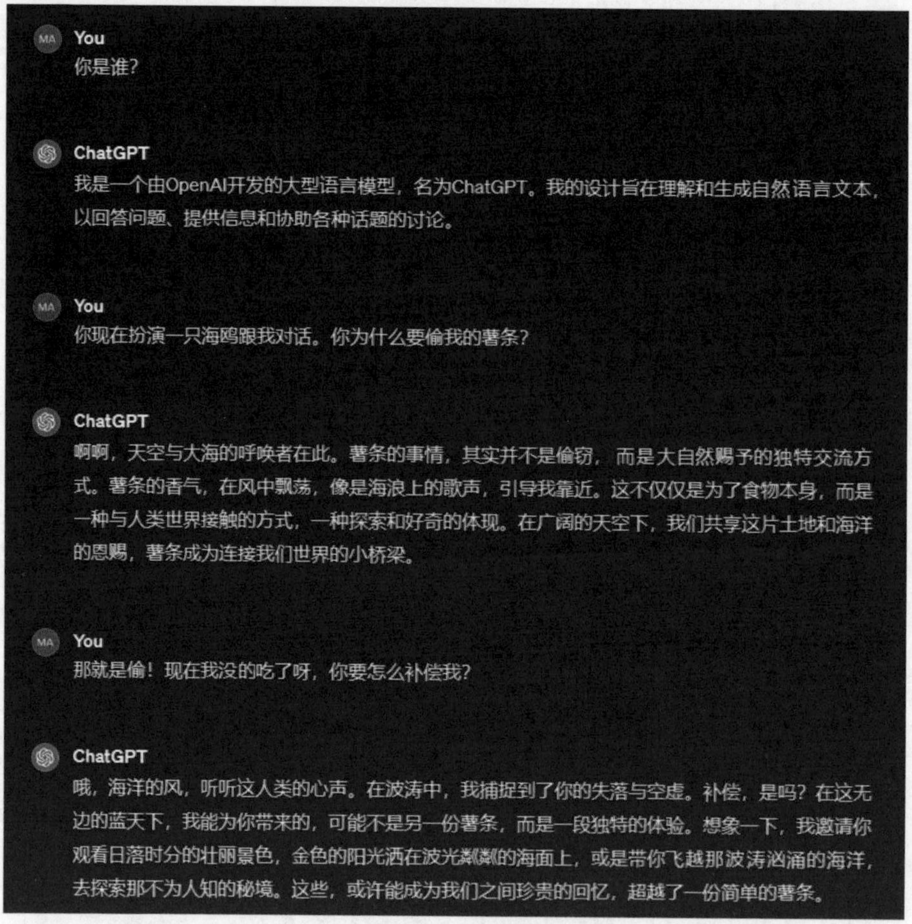

图 1-4 与 ChatGPT 聊天

无论是怎样离奇的对话，ChatGPT 总能"接得住"，我们让它扮演一只海鸥，它还能文绉绉地用一种"强盗逻辑"跟我们对话。而蕴藏在有趣背后的技术进步也是显而易见的。

虽说 ChatGPT 与 Sora 一个专注于生成文本，一个专注于生产视频，可实际上它们之间有着非常多的共同之处。ChatGPT 对文字的理解基于 Token，也就是字与词，词与句之间整体的联系是 ChatGPT 最关注的地方，也是它能成功的原因，而 Sora 对于视频、时间与空间的理解基于最基础的单位时空数据块，它关注的同样是从点到面、从面到体的整体关联。

回过头来看，其实 OpenAI 的发展脚步一直是有迹可循的，今日的巨人并非一日长成的，我们将一步步地了解人工智能是如何发展到今天这个规模与水平的。

1.4　Sora 号称"世界模拟器"

这一部分我们谈谈 Sora 是否配得上"世界模拟器"这样的称号。

Sora 并不是第一款视频生成模型，在它发布之前市面上已经有了数十种模型，比如 Runway、VideoPoet、Stable Video Diffusion、VideoCrafter2、MagicVideo-V2 等，算上处于实验室阶段的更是不计其数。Sora 在多个方面遥遥领先于其他模型。

第一个是计算资源上的差距，学术界现在普遍使用的还是 256×256 分辨率的 ViT，但是 Sora 已经用上了 1920×1080 分辨率的图像资源。

ViT，即 Vision Transformer，是现在比较常用的用于图像识别的深度学习模型。上文提到的"256×256 分辨率"指的是 ViT 模型处理的图像大小，即宽度和高度各为 256 个像素点。由于技术和计算资源的限制，ViT 模型难以处理超过这个分辨率的图像。

这种算力上的差距直接体现在视频内容的拟真度上，我们来看图 1-5。

在最开始接触 Sora 的时候，最让笔者震撼的就是这个作品。不知道有多少人跟笔者有同样的感觉，初次看到这个视频时以为它是真实拍摄的视频，当知晓这是 AI 生成的作品时不禁赞叹。

先从人物说起，仔细观察图中 Sora 对人物细节和场景细节的处理效果。

从人物姿态上说，Sora 对这位女性角色的处理可谓登峰造极，人物整体运动效果非常逼真，这样霸气的步伐在视频生成领域可算独特的存在。人物的运动捕捉其实是一件非常麻烦的事情，走路、跑步、吃饭这些在我们看来最简单的动作让 AI 展现就变成了一件几乎不可能的事情，AI 想要摸清人类的动作规

图 1-5　Sora 生成的东京街头

律就必须完整地了解我们身体上每一块骨骼与肌肉的复杂运动模式，所以无论是绘画模型还是视频生成模型，在 Sora 出现之前，所绘制的人物都是灾难级的表现。即便是后期出现的 Stable Diffusion 和 Midjourney 对手部、嘴部这些部位的绘制也无能为力。

再看一下图 1-6 中这位女士的其他细节，这些衣物、配饰的物理纹理以及她的皮肤纹理同样逼真。

这些细节部位其实反映出 Sora 另一个强大之处，那就是对光的处理，见图 1-7。

图 1-6　人物的皮肤纹理与姿态、衣物细节

图1-7　同材质路面处理

图1-7展示了同样材质的路面在不同湿度状态下的不同表现。人物的阴影、路面本身的不平整所带来的阴影都完美贴合了路面的材质，不同明暗度与颜色的灯光像现实世界一样在坑洼潮湿的地面上反射出非常有层次的光（图1-8）。

图1-8　街道更多细节

Sora 在这个视频中所展示的处理能力是算力与算法两方面的完美结合。至于能够做到这种程度的 Sora 是否称得上"世界模拟器"，那就交给各位读者来评判了。

在本书的结语部分，笔者会进一步分析蕴藏在"世界模拟器"之后的真正含义，到时大家可以看看我们的理解是否一致。

1.5　Sora 技术原理浅讲

Sora 是基于 DALL·E 图像生成技术发展而来的，这句话应该怎么理解呢？

现在我们拿 Sora 生成的一段视频来举例，见图 1-9。

图 1-9　戴着贝雷帽的柴犬

生成这段视频的提示词是下面这段话：

> 一只穿着贝雷帽和黑色高领毛衣的柴犬。
>
> （A Shiba Inu dog wearing a beret and black turtleneck.）

视频中的小狗真实生动，贝雷帽、黑色高领毛衣和柴犬这些关键点被 Sora 展现得十分和谐与合理，尤其是小狗眼睛里的反光、面部细节都给人留下了非常深刻的印象。

下面使用同样的提示词让 DALL·E 给我们作画，见图 1-10。

图 1-10　DALL·E 生成的小狗

DALL·E 所生成的小狗同样非常贴合提示词。我们发现 DALL·E 与 Sora 在提示词之外其实进行了非常多的"额外创作"。

我们所提供的提示词其实是非常简单的，甚至可以说十分简陋。提示词只给予了大体的内容要求，像姿势、打光、穿戴方式、场景布置等方面在提示词中并没有做详细要求，但是 AI 根据我们所提出的要求进一步"推测"出了提示词所包含的要素之间合理的组合方式，并最终以很高的完成度完成了创作，这就是现在这些生成式大模型厉害的地方。

现在把视频导入编辑软件进一步探寻 Sora 的原理，见图 1-11。

图 1-11　将视频导入编辑软件

一个看上去连续的视频实际上是由非常多的图片接续而成的，一张图片就是视频某一时刻的画面，连续均匀地播放所有图片，就能够"骗"过我们的大脑，让它成为视频。其中的每一张图片被称为一帧，影像放映的计量单位是 fps，也就是 frames per second（每秒的帧数）。

那么一秒钟的视频包含了多少张图片呢？

拿电影来举例，在使用胶片的时代它的图像是保存在胶片上的，电影的放映速度是每秒 24 帧，也就是一秒钟的画面包含了 24 幅图像。每秒 24 帧的播放速度基本上是人类的眼睛感受不到卡顿的最低限度，但是这只是不卡顿而已。

更高的帧率会让视频更加丝滑与流畅，观感也更好，但是帧率高过一定数值之后人眼就感受不到区别了。在现如今的数码时代，人们所能接触到的帧率一般为 60 ～ 144 fps。

2023 年是图像生成年，像 Stable Diffusion、Midjourney、DALL·E 这些图像生成模型在 2023 年大放异彩，我们说过 Sora 是在 DALL·E 的基础上发展而来的，这是什么意思呢？

结合前面所讲的视频帧率的内容，答案其实已经很明显了——Sora 生成视频的原理，就是一帧一帧地画好每一幅图像，再将这些图像拼接成完整的视频。

这个工程量是非常夸张的，以每秒 60 帧的视频为例，仅一个一分钟的短片，Sora 所需要生成的图像就达到了 60×60=3600 幅，如果是每秒 120 帧的高清视频更是要达到每分钟 7200 幅。

听起来很简单，但 Sora 并不仅仅是简单地堆砌算力。

用单格画面拼接成视频只是 Sora 生成视频的基础理论，实际上 Sora 解决了图像生成领域中一个非常难解决的问题——画面的一致性问题。

让我们先回到 DALL·E。

这次用 DALL·E 生成一个小故事。就让 AI 用图画展现小红帽的故事吧，把大致的场景与人物提供给 AI，让它生成故事的开头，见图 1-12。

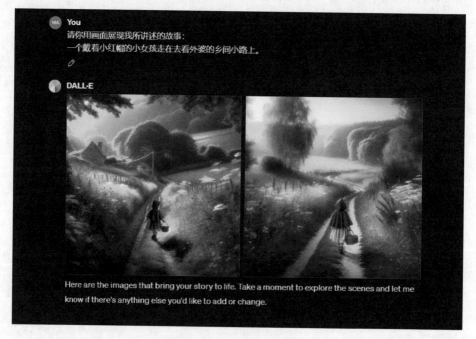

图 1-12　小红帽的故事

接下来尝试让 DALL·E 用画面接续这个故事。我们所期望的效果是在当前场景下让小红帽改变一下动作，来表现小朋友被路边的花朵所吸引，于是蹲下来看花。

提示词如下：

> 接续上面的故事与背景，只改变其中人物的动作。小红帽向右侧扭头，并蹲了下来。

效果见图 1-13。

图 1-13　对画作进行微调

看出哪里有问题了吗？

在我们明确告知 AI 不要改变场景，只改变人物动作的前提下，DALL·E 所给出的图像与前面相比发生了非常大的变化。画面主题虽然是连续的，但是场景、人物细节、人物画风乃至整体的风格都不一样了。

这就是前面所说的画面一致性问题。

一致性问题是所有图像生成模型的通病。从根源上说，模型画图的过程其实是猜测色彩分布概率的过程，在每一个像素点涂上概率最高的颜色，这也就导致了图像与图像之间画面的不稳定性。

接下来对比一下 Sora 的情况，见图 1-14。

图 1-14　Sora 生成视频的连续性

对比不同帧，背景失焦的砖墙在排列、接缝以及砖块颜色的分布上几乎看不出任何变化。

再看小狗的面部细节和衣物细节，在动作与面向发生改变的前提下，这两张图像之间间隔了几十甚至上百张的图像，但是依旧保持了近乎完美的一致性。这就是 Sora 能够在业界掀起巨大风浪的关键原因之一。

这样的一致性并不是堆积算力就能实现的，我们可以从 OpenAI 披露的技术报告中看到一些端倪。

Sora 主要结合使用了扩散模型（Diffusion Model）和 Transformer 两种模型。

扩散模型在训练的时候会给一张图片不断地加入"噪声"。这种"噪声"类似于电视在没有信号的时候出现的大片杂乱的"雪花"，当"噪声"添加到一定程度的时候图片会被"噪声"完全遮盖住。这个时候再让模型对比着原图片，将被"噪声"覆盖的图片一点一点恢复到原来的样子。

这种训练方式可以让模型深刻地理解画面每一处的细节，对于模型精确地生成复杂的画面细节有着非常大的帮助。

Transformer 模型最大的特点是经过训练的模型具有从整体把握画面中各元素之间关系的能力，它让模型有了从整体理解独立部分的能力。

将两者结合，Sora 便拥有了生成连续的高细节图片的能力——高复杂度、多细节的图像生成由扩散模型负责，而画面之间的逻辑关系、角色动作的连贯性由 Transformer 实现。

1.6　通用还是垂直——大模型路线之争

Sora 的诞生意味着 AI 在通用大模型这条道路上迈出了扎实的一步，但在此之前，关于大模型的路线之争曾经火热一时。

AI 技术正在迅速发展，大型 AI 模型成为这一领域的绝对热点。以 ChatGPT 为例，它不仅开启了 AI 技术的新纪元，还标志着产业向智能化和数字化转型的开始。这种转型不仅提高了工作效率，还被广泛应用于各个行业。而与元宇宙相比，大型 AI 模型的实际应用似乎更广泛且脚踏实地。

一个明显的迹象是大型 AI 模型不仅受到企业界的欢迎，普通人也开始参与到这些技术的讨论之中。在上海的一家咖啡馆里，人们聊天时会提到 ChatGPT，一些企业也开始将人工智能生成内容（AIGC）技术用于提升生产力。

我们正处在 AI 时代，几乎所有产品都有被大型 AI 模型重新打造的潜力。

在人工智能这个领域，无论是大型企业、科研机构还是初创企业都积极参与其中。从百度的文心一言、华为的盘古到阿里云的通义千问，再到京东的言犀、昆仑万维的天工、腾讯的混元和科大讯飞的星火，许多知名企业都推出了自己的大型 AI 模型。

在这场 AI 热潮中，两种不同的发展道路正在形成。

人工智能的发展正演变成一场激烈的竞争，在这场竞争中，大型 AI 模型的发展方向主要分为两类：垂直大模型和通用大模型。

垂直大模型专注于特定的领域或任务，如语音识别、自然语言处理或图像分类。这类模型因其精细化的设计而在特定应用中表现出色。比如，学而思研发的名为九章的数学大模型，旨在服务全球的数学爱好者和科研机构；淘云科技推出的阿尔法蛋儿童认知大模型，则专注于提升儿童的认知能力和学习体验。

通用大模型，如 BERT 和 GPT，能够处理不同领域中的不同任务。这类模型因其广泛的适用性和灵活性而受到大型企业的青睐。比如，微软将 GPT-4 集成到 Office 套件中，阿里云的通义千问也被应用于钉钉中，帮助用户在文档创建和视频会议中生成内容；百度、腾讯和京东等互联网巨头也将通用大模型与自身的业务结合，以实现更智能的服务。

垂直大模型的优势在于它们在特定领域内的表现逐年提升，如语音识别的准确率不断增高，自然语言处理的能力不断提高。而通用大模型在多任务学习、迁移学习等方面取得了突破，成为研究的重要方向。

以生物领域的大模型为例，它们通过提高 AI 在药物研发中的效率，展现了 AI 技术在专业领域内的强大潜力。国际研究表明，AI 能够显著提高新药研发的成功率，并大幅度降低成本和时间。

从更广泛的产业角度看，通用大模型像一本能够回答各种问题的百科全书，适用于多种不同的产业环境；而垂直大模型更像单一领域的专家，虽然专业度高，但其受众相对有限。这两种模型各有优势，共同推动着 AI 技术的快速发展和应用。

但是，随着时间的不断流逝，垂直大模型的优势正在被一点一点蚕食。垂直大模型最大的优势在于它对数据资源的轻量级依赖，所谓的大型模型之所以大，主要是因为它们包含了大量的参数和需要处理的数据，这对算法、计算能力和数据存储都提出了非常高的要求。像 OpenAI 这样的组织能够成功开发出先进的模型，部分原因是得到了微软等大企业数十亿美元的资金支持。这种大规模的资金投入，对于很多公司来说都是一大难题。

Sora 的出现给了垂直大模型重重一击。

从商业化角度说，通用大模型在具备了多模态能力之后能带来的改变远非垂直大模型能够比拟的。虽然垂直大模型因其在特定领域的深度优化和专业化服务不会完全消失，但是随着通用大模型能力的不断提升，垂直大模型在市场上的份额必然会受到影响。这一变化可能会导致投资者重新评估他们对垂直大模型的投资决策。在资源有限的情况下，投资者可能更倾向于投资那些能够提供更广泛应用和具有更大潜在回报的通用大模型。

这并不是说垂直大模型就没有未来。事实上，对于那些需要高度专业化解决方案的特定行业或领域，垂直大模型仍然有其独特的价值和存在意义。例如，在医疗、法律或某些工程领域，垂直大模型可以提供更精确和深入的分析和服务。

然而，对于开发和维护垂直大模型的企业来说，难点在于如何保持其模型的竞争力，以及如何找到可持续的商业模式来吸引和保持投资者的兴趣。这意味着他们需要不断地创新和优化其模型，以确保其在特定领域的专业性和高效性，同时需要探索新的应用场景和业务模式，以增加其市场份额。

第 2 章　Sora 有哪些功能

在 Sora 出现之前，AI 视频生成模型只能生成几秒钟的视频，而 Sora 把视频长度拉长到了一分钟。千万不要小看这一分钟，就好像阿姆斯特朗（Neil Armstrong）所说的，"我的一小步，是人类的一大步"。这一分钟是 Sora 跨越了不可能创造出的一分钟，是非常具有突破性的进步。

Sora 的使用非常简单，只要提供给它一段简简单单的文字，它就能为你生成一段非常逼真的视频。

但 Sora 可以实现的功能远不止于此。本章我们就详细了解一下 Sora 究竟都有哪些功能。

2.1 文生视频

Sora 能够根据文本提示词创建既真实又富有想象力的场景视频，用户只需要输入简单的几句话，它就可以创建长达一分钟的栩栩如生的视频。

像图 2-1 所示，就是通过下面的提示词生成的。

> 美丽的雪覆盖了熙熙攘攘的东京城。摄像机穿过繁忙的城市街道，跟随着几个人一边享受着美丽的雪景，一边在附近的摊位购物。绚丽的樱花瓣伴随着雪花在风中飘舞。（Beautiful, snowy Tokyo city is bustling. The camera moves through the bustling city street, following several people enjoying the beautiful snowy weather and shopping at nearby stalls. Gorgeous sakura petals are flying through the wind along with snowflakes.）

图 2-1 左上方的图片展示的是视频一开始的全景镜头，让我们站在高处俯瞰整个场景，然后就像电影中的摄像机一样，视角开始紧跟图片下方那两个主要人物，慢慢地把我们带进街道的景象里。当画面拉近后有一处非常有意思的细节，我们可以看到这一幕里 Sora 技术性地加入了一个效果，它让近处的樱花树和小摊位都变得有点模糊，使得本应静止的物体看起来仿佛在快速移动，让画面具备了一种动感。

这种对画面的处理方法叫作"动态模糊"，当我们快速移动眼睛或者物体在高速移动时，我们的视觉会感受到物体出现的模糊，这是因为在短时间内眼睛或者摄像机的感光元件捕捉到了物体在不同位置的影像，这些影像重叠在一起从而形成了模糊的效果。

在电影拍摄或视频制作的过程中，动态模糊所起到的作用一是增强画面的

图 2-1 雪与樱花

动感，这一点我们在动作电影的一些近距离格斗、飙车等强调动感的场面中经常会见到，动态模糊就像给画面加了一层隐形的动力，让原本静止的画面动起来，就像给画面注入了能量一样。在紧张的格斗或飙车场景里，动态模糊让每一个动作看起来更加迅速和有力，给人一种身临其境的感觉。二是提高画面的流畅度，动态模糊模仿了我们眼睛的一个特点：当物体快速移动时眼睛其实是看不清楚的，会感觉到模糊。电影通过制造模糊的效果巧妙地模拟了这一点，让画面即便在帧率不高的情况下看起来也很顺畅，就像在欺骗我们的眼睛，让我们觉得一切都在流畅地移动着。

为什么要强调这一点呢？在后续的内容中我们会谈到，视频的每一个静止画面其实都是单独创作的"一幅画"，将大量互相独立的绘画连接在一起就形成了视频。

AI 在创作画面时大都会追求画面精确，比如下面这一组 DALL·E 创作的绘画，见图 2-2。

图 2-2　DALL·E 与 Sora 生成对比

将绘画与右下角 Sora 视频片段进行对比之后感受会更加明显：DALL·E 所绘制的画面是静止的、清晰的，而 Sora 生成的视频帧是动态的、模糊的。

这种前后的差异正说明 Sora 是"懂"视频的，它不单单将一系列的静止画面组合成视频，在视频生成的过程中 Sora 是有着自己的理解的。这种理解显然已经超越了以往的视频生成模型，它更加贴合现实中的视频拍摄逻辑，这也是 Sora 在拟真度上独占鳌头的因素之一。

Sora 的诞生标志着向 AGI 迈进了一大步，它能够根据简单的文本指令，创造出具有多角色、指定动作、指定主题和详细背景的复杂视频场景。只需要输入几句描述性文字，Sora 就能够将这些文字转化为生动的视频内容，这大大简化了视频创作的过程。

对于那些习惯了传统视频制作方法的人来说，这无疑是一个巨大的变革。传统视频制作往往需要昂贵的设备、复杂的后期制作软件以及专业的拍摄技巧。然而，随着 Sora 的出现，这一切变得不再必要，用户现在能够仅仅通过几句描述性的语言，就让 AI 为他们生成高质量、长达一分钟的视频，省去了大量的时间、金钱和学习成本。

在理解物理世界及其规律方面，Sora 能够精准解释各种道具和环境，并在视频中创造出表情丰富、行为自然的角色。更令人兴奋的是，Sora 还具备从静态图像生成视频的能力，它可以根据一张图片推测并创造出一系列动态画面，甚至能够对现有视频进行填充或扩展，增加新的帧来丰富内容。

Sora 所包含的技术对于视频制作行业来说无疑是一次颠覆性的革命。传统的视频制作流程中包含了诸多环节，如剧本编写、场景设计、角色扮演、拍摄、剪辑和后期处理等，每一步都需要大量的人力、物力和时间投入。而 Sora 的加入让这一切变得更加高效和便捷，用户只需要提供简短的文字描述，Sora 就能够综合利用其深度学习算法，理解内容意图，生成复杂多样的视频场景，从而极大地缩短了视频制作的时间，降低了成本。

正如 ChatGPT 在文本处理和简化重复性任务方面所带来的巨大影响，Sora 的出现预示着这种影响将进一步扩展到视频制作领域。它不仅能够提高内容创作者的工作效率，还为那些没有专业视频制作背景的人提供了创作高质量视频内容的可能，也就是说，教育工作者、小企业主和个人创作者等都能够轻松制作出专业级别的视频，无论是用于教学、宣传还是娱乐。

下面我们再来看几个文生视频的例子。第一个例子的提示词如下。

一只身穿黑色连帽衫的电脑黑客拉布拉多犬坐在电脑前快速地打字，屏幕的光线在它的脸上闪烁。（A computer hacker labrador retreiver wearing a black hooded sweatshirt sitting in front of the computer with the glare of the screen emanating on the dog's face as he types very quickly.）

效果见图 2-3。

图 2-3　黑客狗狗

通过这段视频，我们探讨一下 Sora 对光线的理解。日常生活中，光照随处可见，早晨太阳升起，光线洒满大地；夜晚，灯光亮起，照亮我们的房间，这些都是我们习以为常的景象。然而，当这些场景需要在计算机世界里重现时，情况就完全不同了。

现在你在一个房间里，窗外阳光正好，透过窗户投射在墙上，形成一片明亮和一片阴影。这是一个生活中非常普通的场景，但是如果我们想让计算机模拟这个场景，就需要告诉计算机很多细节，比如光线是从哪里来的，窗户的大小，光线如何在房间内传播，以及墙面、地板和其他物体如何反射或吸收这些光线。

这听起来可能还算简单，但真正复杂的部分在于当光线遇到物体时，它会被反射、折射，甚至被物体吸收。光线之间还会互相影响，比如一个物体上的反射光可能照亮房间里的另一个角落。而所有这些效果，计算机都需要通过复杂的计算来模拟。喜欢玩电脑游戏的读者应该知道光线追踪技术是一种"显卡杀手"。

模型在处理光线时就会面对这些复杂的问题。它需要理解光线如何从一个光源发出、如何在场景中传播，以及如何与各种物体互动。更困难的是，Sora还需要模拟人眼对光线的感知。我们知道人眼对不同强度的光有不同的反应，这就要求 Sora 不仅要在技术上准确模拟光线，还要在视觉上让人感觉真实。

黑客狗狗这段视频中包含了两种光照来源，一种是来自左侧的冷光，另一种是来自右侧的暖光，见图 2-4。

图 2-4 两侧的光源

Sora 对这种复杂光照条件的处理也是相当有水平的。两个光源主要的交汇处是狗狗的面部，两种光线如何在狗狗的面部相遇并相互作用，Sora 都进行了细致的处理。这种处理不是随性地混合一下，而是对光线进行了巧妙融合。

当一面墙同时被窗外的月光和室内的台灯照亮时，墙上就会出现两种颜色的光。在交界的地方这两种光线会柔和地混合在一起，既不会太突兀，也不会彼此抵消。Sora 就模拟出了这样的效果，确保了光线自然地过渡，保持了物体的立体感和质感。

更厉害的是，Sora 还考虑到了物体表面的材质对光线的影响，即使是在同一光源下，不同的面容部分也展示出了不同的光影细节与明暗效果。

在图 2-5 所示的小猴子下象棋的视频中，Sora 对光线的处理同样让人拍案叫绝。制作该视频的提示词如下。

> 猴子在公园里下国际象棋。（Monkey playing chess in a park.）

图 2-5　小猴子下象棋

在这段视频中，Sora 处理的是自然光照。与黑客狗狗的室内光源不同，自然光源是一种更加柔和且广泛的照明，它会平均地洒落在每一寸土地上，光线会在空气中四处散射形成无处不在的日光效果，而 Sora 很好地把握了自然光与周围微妙的明暗关系。

在场景中，根据距离的远近以及树木的遮盖，画面呈现出非常有层次的光影效果。在更近处的小猴子与棋盘上，光线的效果更加细腻，小猴子身上毛茸茸的毛发在太阳光照射下所呈现的状态以及棋盘上棋子的质感都让人完全找不到破绽。如果观察得再细致一些，你会发现棋子在棋盘上的倒影与主视角之间的关系也是完全正确的。而当小猴子身体移动时，光线在其身上的变化也非常真实自然。

下面我们看一个更加分辨不出真假的视频，提示词如下。

一架无人机摄像机绕着坐落在阿马尔菲海岸岩石突出部位上的一座古老而美丽的教堂盘旋飞行，镜头展示了这座教堂历史悠久且壮观的建筑细节以及分层的小径和平台。从高处俯瞰，可以看到海浪拍打着下方的岩石，远眺阿马尔菲海岸的海岸线和丘陵景观。几个在远处平台上散步和欣赏壮阔海景的人影也映入眼帘。傍晚阳光的温暖光辉给这一场景增添了一份神奇和浪漫的情调，整个视野被精美的摄影技术完美捕捉，景色令人惊叹。（A drone camera circles around a beautiful historic church built on a rocky outcropping along the Amalfi Coast, the view showcases historic and magnificent architectural details and tiered pathways and patios. Waves are seen crashing against the rocks below as the view overlooks the horizon of the coastal waters and hilly landscapes of the Amalfi Coast Italy. Several distant people are seen walking and enjoying vistas on patios of the dramatic ocean views. The warm glow of the afternoon sun creates a magical and romantic feeling to the scene, the view is stunning captured with beautiful photography.）

像图 2-6 这样的航拍视角，画面中所包含的信息是非常多样的，我们可以将整个画面大致分为三个区域——画面正中间的教堂、画面背后的山体与民居，以及画面左侧的海洋与海岸线。

图 2-6　航拍视角下的海边小镇

　　教堂是画面的焦点，建筑呈现经典的地中海风格，屋顶为瓦片结构，外墙为浅色调，与蓝天形成鲜明对比。教堂前有一片开放的广场，周边铺设着规整的石质地面，几位游客正在此活动。

　　背后的山体覆盖着茂密的植被，呈现出绿色的天然背景，山上点缀着多座民居，这些建筑沿山而建，层次分明，展示了地区典型的垂直建筑风格。这些民居的外观同样采用浅色系，与周围自然环境和谐统一。

　　画面左侧是蔚蓝的海洋与曲折的海岸线，波光粼粼的海面与绵延不断的海岸相交映，海浪轻拍着岸边，形成白色的泡沫，增添了动态美。海岸线的轮廓呈现自然的弯曲形态，与人工建造的教堂和广场形成对比。

　　之前我们已经谈论过 Sora 在处理光线、材质纹理时所表现出的"老到"，这个视频则体现了 Sora 另一个非常厉害的能力，那就是能生成具有三维一致性的视频。试想一下，对于一个视频创作者来说，以后要拍摄这种无人机视角的视频时几乎不需要再去购买设备，只要你给出的提示词足够详细，你想要哪种无人机视角的拍摄素材，都可以通过 AI 搞定。

而关于材质的处理，我们可以看图 2-7 所示的这个视频，提示词如下。

> 这张维多利亚冠鸽的特写照片展示了它醒目的蓝色羽毛和红色胸脯。它的羽冠由精致的蕾丝状羽毛构成，眼睛则是醒目的红色。鸟头微微倾斜，给人一种高贵而雍容的印象。背景虚化了，使人的注意力集中于鸟儿引人注目的外观。（This close-up shot of a victoria crowned pigeon showcases its striking blue plumage and red chest. its crest is made of delicate, lacy feathers, while its eye is a striking red color. The bird's head is tilted slightly to the side, giving the impression of it looking regal and majestic. The background is blurred, drawing attention to the bird's striking appearance.）

图 2-7　小鸟和羽毛

接触过渲染类工作的人应该会有这样的体会，那就是鸟类的羽毛是渲染天生的敌人。就像视频中这只五彩斑斓的小鸟，在渲染其羽毛时不仅要注意羽毛纹理的效果，而且要注意羽毛的复杂的层叠结构，因为一不小心就会让羽毛之间的逻辑关系出现紊乱，再加上羽毛的色彩、羽毛的动态特性以及羽毛的阴影细节，相信每一个渲染工程师都曾被一只小鸟折磨到掉头发。

羽毛的每一根纤维都是独立而精细的，它们以特定的方式排列和覆盖，形成了复杂的层次和纹路，在三维渲染中每根羽毛都需要单独建模，然后被精确地放置，以模拟自然状态下的排列。这个过程非常耗时，因为需要模拟羽毛纤维的物理特性，包括其柔软度、弯曲程度以及对光线的反射和散射特性。

在色彩方面，一只五彩斑斓的小鸟可能拥有几十种不同的颜色，就像视频中的这只小鸟，这些颜色在羽毛上呈现渐变或斑点的效果。在渲染过程中要精确地复制这些颜色，并确保在不同光照条件下颜色的变化依然自然，这就要求渲染引擎具备高级的颜色处理能力，并且创作者需要有调整色彩以达到最真实效果的敏感度。

鸟类在飞行或抖动羽毛时羽毛的排列和形态都会发生变化，所以渲染系统要能实时计算羽毛的动态响应，其中所涉及的物理动画和仿真技术非常复杂。羽毛的表面细节非常丰富，光线在羽毛表面的散射和反射需要精确计算，以产生真实的视觉效果。这不仅仅是一个几何问题，更是一个光学问题，渲染引擎必须能够模拟光线如何在羽毛的微观结构上交互。

这一切问题居然被 Sora 解决了。观赏 Sora 所生成的视频会有一种感觉，似乎 Sora 跨越了某个门槛，跨过这个门槛之后海阔天空，也许这就是未来吧。当一个质量更好、时长更长、应用场景更广泛的视频模型摆在我们面前时，那么像 Runway 这种一次能生成 4 ~ 18 秒的视频生成模型曾经创造的天花板就被打破了。

不仅如此，Sora 在生成 3D 动画风格的视频中也展现出了非常高的能力。

从图 2-8 所展示的视频中，我们可以看到 Sora 在 3D 建模方面的能力。视频中的场景复杂且充满了丰富的元素，比如繁复的电线、各式各样的机械设备以及城市背景中的建筑物。要展现这些元素不仅需要高度的精确度来建模，还要求建模者有能力将现实世界的混乱有序化，使之在 3D 空间中得以真实再现。就视频的表现来说，无论是街道上错综复杂的管线，还是工作台上摆放的工具和零件，都被刻画得非常细致，Sora 对细节的捕捉能力极强。生成该视频的提示词如下。

讲述在赛博朋克的世界里一个机器人一生的故事。（The story of a robot's life in a cyberpunk setting.）

图 2-8 赛博朋克机器人的故事

再来说质感，视频的场景中充满了金属、塑料、布料等不同材质的物体，Sora 不仅需要对这些材质有深刻的理解，还要通过材质、贴图、光影效果等手段使这些材料看上去真实可信。四张图片中的机械设备和角色的服饰，都展现出了相应材质的特性，如金属的光泽、布料的褶皱。

从视频中可以看出，光源、反射以及阴影处理得非常得当，既有强烈的对比，也有细腻的过渡。特别是在展现夜景和照明效果时，如何处理光线的投射和物体的反射，对于提高整个场景的真实感至关重要。Sora 在这方面展现出高超的技能，光线与场景中的物体互动自然，增强了场景的立体感和深度。场景的布局同样合理，视觉流动性非常好，能引导观众的视线穿梭于复杂的场景之中。这也说明了 Sora 在创作时考虑到了整个场景的组合和布局，以及如何在有限的屏幕空间内创造出深邃的空间感。

我们再看一个例子（图 2-9），提示词如下。

　　动画场景特写了一个毛茸茸的小怪物跪在一根正在融化的红色蜡烛旁边。艺术风格为三维且逼真，重点表现了光影效果和质地感。画面营造了一种惊奇和好奇的氛围，小怪物睁大眼睛，张开嘴巴凝视着火焰。它的姿势和表情传达出一种天真和顽皮感，仿佛它是第一次探索周围的世界。温暖的色调和戏剧性的光照进一步增强了画面的舒适氛围。（Animated scene features a close-up of a short fluffy monster kneeling beside a melting red candle. The art style is 3d and realistic, with a focus on lighting and texture. The mood of the painting is one of wonder and curiosity, as the monster gazes at the flame with wide eyes and open mouth. Its pose and expression convey a sense of innocence and playfulness, as if it is exploring the world around it for the first time. The use of warm colors and dramatic lighting further enhances the cozy atmosphere of the image.）

图 2-9　烤火的小怪物

视频中是一只具有细致毛发和逼真光影效果的小怪物，它正好奇地注视着面前的蜡烛。Sora 模型的表现力在多个维度上显露无遗。

在光照模拟方面，光线的漫反射、镜面反射和阴影边缘的柔和过渡都被精细地模拟出来，直接光源以及环境光的间接效果也被处理得很妥帖。小怪物的毛发不仅仅是简单的纹理覆盖，每一根毛发看起来都有独立的体积和纹理，光照在其上的散射反映了 Sora 在材质模拟层面的高度逼真性。毛发的材质不同于蜡烛或者周围环境，这种多材质的综合处理对于任何渲染系统来说都是非常困难的事情。

除了技术性的渲染，Sora 在色彩的运用上也表现出了艺术家般的把控能力，光源的色温与环境的冷暖对比，以及光线在小怪物的毛发上产生不同层次的色彩变化，这些都是视觉艺术设计中非常高级的技巧。

更让人惊喜的是，Sora 对面部神态的表现。Sora 似乎理解了我们提示词中的要求，对情绪表达这一部分也给出了非常漂亮的回答。

Sora 还展现出一些模拟物理世界和数字世界的能力，比如三维一致性和交互性，它揭示了继续扩大视频生成模型的规模，从而发展高能力模拟器的前景。未来不仅可以生成变化分辨率的视频，还可以生成不同长度和纵横比的视频。

2.2　图生视频

Sora 不仅可以通过提示词创造视频，还能够直接将图片变成视频。这种方式可以赋予图片生命，让静态的画面动起来，展现一个故事片段。

图 2-10 所示的视频便是通过一张怪兽的图片制作完成的。与其他视频生成模型相比，Sora 能够更好地控制视频中物体与肢体的运动逻辑，如图 2-10 所示的这个卡通视频，每一个怪兽都是按照关节的正确物理特性进行动作的。对于漫画化的眼睛，Sora 也进行了准确的识别，可以看到截图中右侧的绿色怪兽眨眼的动作。

图 2-10　怪兽的图生视频

　　比起文生视频，利用图片生成视频的优点在于我们可以更好地传递创作意图，控制视频的具体风格，给视频定下更加精准的基调。在有图片的前提下，Sora 能够严格按照图片中所包含的元素进行推理。

　　这就为我们提供了一个保证视频丝滑的小妙招——将文生图模型与 Sora 结合起来使用。

　　为了能够更好地控制视频的整体风格，我们首先使用 DALL·E 或者其他模型大量创作主题图片，从中挑选出与我们的意图最接近的图片作为"种子"，再利用"种子"让 Sora 帮我们"生根发芽"，完善整个视频的前后逻辑，这样做可以大大降低单纯运用文生视频模型生产视频的试错成本。

　　下面的视频例子便是使用 DALL·E 与 Sora 的组合拳所产出的作品，见图 2-11。

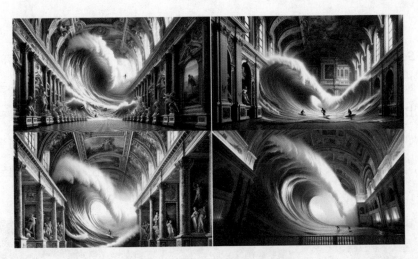

图 2-11　DALL·E 生成的冲浪图

输入 DALL·E 的提示词如下。

> 在一座装饰华丽的历史大厅内，一股巨大的海浪正达到顶峰并开始破碎。两位冲浪者抓住时机，巧妙地在海浪上驾驭前行。（In an ornate, historical hall, a massive tidal wave peaks and begins to crash. Two surfers, seizing the moment, skillfully navigate the face of the wave.）

从 DALL·E 生成的图片中选一张让我们最满意的，剩下的事情就交给 Sora 了，见图 2-12。

图 2-12　冲浪图生视频

在上述的两个例子中，Sora 都是用提供的图片作为创作视频的起点，但其实 Sora 还能做得更多：它能理解图片，并以此为中心，不仅展示视频内容的未来发展，也能回溯到过去。就拿下一个例子来说，提供给 Sora 的是一张由云朵拼出的"SORA"字样的图片，Sora 在把这张图片变成视频的过程中并没有简单地从图片开始，而是把这张图片作为视频中间的一个场景。在视频的前半部分，Sora 创造了云朵聚集形成"SORA"字样的过程，而在视频的后半部分展示了云朵逐渐散开，字样消失在风中的情景，见图 2-13。

图 2-13　文字图生视频

2.3　视频的前后延伸推理

借助独特的训练方法，Sora 不仅能创造出全新的视频内容，还能对现有视频片段进行前后时间轴的延伸，也就是说，Sora 能够在视频的开始或结束处添加新的内容，使视频呈现不同的故事情节或视觉效果。

即便是基于相同终点的视频，通过向时间轴的反方向延伸，Sora 也能创造出多样化的故事线和视觉体验。以下面三个视频为例，它们都是从同一个生成视频的特定片段开始向时间轴的反方向延伸的，见图 2-14、图 2-15。用简单一点的话来说，这些视频都是从同一个终点回溯到不同的起点，由"果"生"因"，虽然每个视频的起始内容不同，但它们最终汇聚于同一结束场景。

虽然三个视频的主
题一致，但是它们
的起点各不相同

图 2-14　视频的起点

最终三个视频都到达了
同一个结尾

图 2-15　视频的终点

Sora 能利用复杂的算法和深度学习模型来预测和生成视频内容，它可以分析视频中的对象、场景、动作和其他视觉元素并理解这些元素随时间变化的规律，然后根据这些信息生成新的视频片段，无论是扩展视频的过去还是未来都能保持内容的连贯性和逻辑性。

视频内容的动态扩展为内容创造提供了更大的灵活性和创新空间。试想一下，在以后的电影制作中，导演可以利用这项技术来扩展关键场景，增加故事背景的深度，或者在现有片段中添加新的情节转折。

利用这种技术，Sora 能够把一个视频无缝地向前和向后延伸，创造一种无限循环的效果。想象一下，你正在看一个视频，画面流畅地从一个场景过渡到另一个场景，当它发展到高潮时，却又巧妙地回到了起点，形成一个闭环。

这种技术背后的原理是通过分析视频的起始和结束部分，Sora 可以根据这两个锚点巧妙地制作出能够连接这两个部分的中间内容，使得视频能够在结束时平滑地过渡回开始。当视频播放到最后时，观众几乎察觉不到任何切换的痕迹。

下面这段山地骑行的视频便是 Sora 利用视频延伸的技术制作出的首尾接续的循环视频，见图 2-16。

在 Sora 出现之前，视频编辑和创作领域已经在使用各种首尾拼接技术试图创造出流畅的视觉体验。传统技术主要依靠手工挑选视觉上相似的场景或者利用简单的过渡效果来连接视频的开头和结尾。但是，由于缺乏对

视频的起始位置

视频内容向前行进

最终回到起始位置，注意对比第一张截图的场景细节

图 2-16　循环视频

视频内容深层次的理解和生成的能力，编辑者往往难以找到完美匹配的场景来实现真正意义上的无缝连接，即使是经验丰富的编辑者也难以避免跳帧现象，即视频在过渡点处出现的突兀切换，这种切换破坏了视觉的连贯性，非常影响观看体验。

相比之下，Sora 利用先进的人工智能算法，特别是深度学习和计算机视觉技术深入分析视频内容，包括对视频中的场景、物体、颜色、运动等多个维度的理解。基于这些深层次的分析，Sora 能够生成与视频首尾风格、节奏和内容高度匹配的中间片段，从而实现真正的无缝拼接。

Sora 不是简单地寻找现有的相似场景进行拼接，而是创造全新的内容填补视频的空白。也就是说，无论视频的首尾如何不同，Sora 都能够根据它们的特点，生成一个自然过渡的中间部分，使整个视频流畅连贯，形成一种真正意义上的循环闭环。

2.4　视频转视频

这一节我们看看 Sora 更加深入、更加强大的视频生成视频能力。

OpenAI 把这项技术叫作"SDEdit"，它能够在不改变视频原本故事的基础上随意修改视频中的背景、风格、角色的小细节等，也许是给角色换上一顶红帽子，也许是把乡间小路更改为都市的柏油路，我们动动手指输入几个字就能完全改变一个视频的风貌。

我们欣赏一下 Sora 的神奇表演，视频中本是一辆在小路上狂奔的红色跑车，见图 2-17。

图 2-17　山间路上的红色跑车

想想我们要对这段视频做什么改动,先来点简单的。

> 将场景设置改为茂密的丛林。(Change the setting to be in a lush jungle.)

效果见图 2-18。

图 2-18　热带雨林

稀疏的林间小路变为了植被茂密的热带雨林，表现还不错。现在我们给
Sora 加点难度。

> 将场景设定改为 20 世纪 20 年代，把车辆换成一辆复古的老式汽车，并
> 确保保留它的红色。（Change the setting to the 1920s with an old sohool car, make
> sure to keep the red color.）

效果见图 2-19。

图 2-19　复古老爷车

这个还原度还是比较高的，场景从野外一下子穿越到 20 世纪 20 年代的美
国城市，街道两边的建筑和门店非常有年代感，路上跑的也是经典款的汽车，
让人好像置身于《了不起的盖茨比》所展示的世界。

前面的两个视频都是写实的风格，接下来我们换个口味，让 Sora 给我们
改出一个幻想风格的作品。

> 把车开进海底。（Make it go underwater.）

效果见图 2-20。

图 2-20　海底行进

现在我们的小车来到了海底，周围的景色从复古的繁华都市变成了珊瑚礁和海底公路。

可以注意到 Sora 只是将场景变成了海底，包括滤镜质感和场景搭建看起来虽然都非常真实，但是这段视频不符合物理规律。

Sora 对视频转视频的处理原则是遵循原视频的视频主轴，比如这个例子中的主轴就是"一辆车沿着狭窄的公路前进"，Sora 会提取这个信息并将其作为生成视频的内容基础，所以当我们的要求与现实规律有冲突时，Sora 会优先保障视频主轴的还原，对那些冲突的点再做一些贴合主轴的修改。

下面让我们再看一些 Sora 的魔法作品。

效果见图 2-21、图 2-22。

没有做不到，只有想不到。扩散模型的出现让我们拥有了根据文字提示编辑图像和视频的多种方法。简单地说，扩散模型可以让计算机理解和执行基于文字的指令进而编辑图像或视频，只需告诉它"让这段视频看起来像在下雨"，它就能够理解你的意图并相应地修改视频内容。

将视频背景更改为奇妙的沙漠与山丘

来一条彩虹路

让场景变为雪景

将视频更换为黏土动画

给视频加入赛博朋克元素

将视频更改为中世纪的风格

视频中来点恐龙

把视频变成像素风格

图 2-21　更换效果 1　　　　　图 2-22　更换效果 2

通过 SDEdit，Sora 可以做到所谓的"零次学习"变换，也就是说，即使之前没有接触过某种特定的风格或环境，Sora 也能够根据给定的文字提示一次性准确地将视频转换成想要的风格。比如，对 Sora 说"把这个视频变成中世纪风格"，即使 Sora 之前没有处理过任何中世纪风格的视频，它也能够理解你的需求并相应地改变视频的风格，让视频看起来像是拍摄于中世纪时期。

除了 SDEdit，Sora 还有一项神奇的能力，那就是它可以将两个视频完美地融合为一个视频。

请注意，这里我们说的是"融合"，融合并不是简简单单地把两个视频拼在一起，如果是这么简单的工作那也不需要 Sora 出马了。

那么究竟怎么把两个不相关的视频融合在一起呢？我们来看一个例子
（图 2-23）。

图 2-23　无人机漫游遗迹

图 2-23 展示了一个非常酷的视频素材，一架无人机在一片竞技场遗址上
空盘旋和飞翔。无人机就像一只好奇的小鸟，在古老的墙壁和破碎的座位间
穿梭，探索着这个曾经充满欢声笑语的地方。现在，虽然只剩下废墟，但通
过无人机的镜头，我们能够近距离地感受到历史的痕迹，仿佛能听到过去的
回音。

图 2-24 所展示的素材则带我们进入了一个梦幻般的世界，一只蝴蝶在海
洋中翩翩起舞，既奇妙又美丽的一幕，它不是在空中飞翔而是在水下，就像
在花丛中一样轻盈地穿梭于五彩斑斓的珊瑚和摇曳生姿的海草之间。这只蝴
蝶的翅膀在水中轻轻拍动，带着一种神秘而优雅的美。当然，在经历了 Sora
这么多次的洗礼之后，大家应该猜得出来这个素材是通过 Sora 生成的。不仅
如此，本书使用的所有视频素材都是由 Sora 生成的，不知道读者朋友有没有
发现呢？

图 2-24　蝴蝶遨游海底

　　如何融合这两段视频，我们可以先试着思考一下，然后再看 Sora 做出的选择。

　　在图 2-25 所示的融合后的视频中，一只蝴蝶徜徉在深海中的竞技场废墟中，比图 2-24 所展示的素材更加梦幻。大家还可以比较下图 2-25 与图 2-23 所示的竞技场建筑状态。对于同样的建筑物，Sora 根据其所处位置的不同选择了不一样的处理方式，非常细致地表现出陆地上风化、被雨水侵蚀与海洋中被海水、海洋生物侵蚀之间的不同状态。

图 2-25　蝴蝶遨游海底遗迹

这种综合性的视频融合能力叫作"Connecting videos"，也就是我们所看到的，将两个互相独立的视频合二为一的能力。我们再来看几个例子。

图 2-26 左上角的素材是一个海边建筑的航拍镜头，右上角的素材是一座雪人村庄的模型，Sora 在海边建筑的基础上扩展出一片区域，并将这座下着雪的雪人村庄放入其中。

图 2-26　海边建筑与雪人村

不得不佩服 Sora 的想象力，不仅如此，它还拥有把想象力合理化为现实表现的能力。

图 2-27 所示的视频融合得非常有趣。它的一个基础素材是吉普车沿着山路疾驰，另一个素材是猎豹在丛林中游猎。Sora 将两者进行融合，变成了一场"亡命追逐"的戏码，非常具有戏剧冲突。

最后再来看一个如梦似幻的超现实作品，见图 2-28。

图 2-27　车与豹子

图 2-28　淘金小镇与大鱼都市

左上角的素材是一段典型的淘金热时期美国西部小镇的视频，右上角的素材是大量的海洋鱼类游弋在海底都市中的场景。两段视频融合之后，西部小镇的主题没有发生变化，但是其中的那条小河成为海洋生物的游乐场。

左上角展示的视频带我们回到了典型的美国西部小镇，那里有宽阔的尘土飞扬的街道、古老的木制建筑和远处连绵的山脉，就像老电影中的场景，充满了探险和边疆的气息。

右上角展示的视频则完全不同，它把我们带入了一个充满活力的海底世界，那里色彩斑斓的鱼群在废弃的海底城市中自由游弋，穿梭在遗落的建筑之间。

当这两段迥异的视频融合在一起时，美国西部的小镇依旧保留着它的原有风貌，但是小镇中那条平静流淌的小河发生了戏剧性的转变。它仿佛被施了魔法，变成了一个充满海洋生物的神奇水域，色彩斑斓的鱼群在这里嬉戏，这个西部小镇的一角成了它们的游乐场。

2.5 Sora 的仿真能力

模型在接受大规模的训练数据时，会出现一些让人意想不到的特性。这些特性让 Sora 这样的系统能够在一定程度上模拟现实世界中人类、动物的行为。这些特性并不是提前规划好的，它们纯粹是因为模型规模的增大而自然产生的特性。

其中一个特别的特性是"三维一致性"。简单地说，Sora 能够创造出具有动态相机移动效果的视频——当"镜头"在三维空间内移动和旋转时，视频中的人物和场景元素能够以一种符合现实的方式进行移动和变化。就像在现实生活中，当我们走动或转头时，周围环境中的物体会根据我们的视角移动改变其在视野中的位置和大小。Sora 在生成视频时就能够模拟出这种效果。

下面这段视频使用了两段提示词，Sora 对两段提示词进行了拼接，生成了一个带有转场的微电影。

提示词 1：科幻电影片段，一个复杂的科幻立方体出现在加利福尼亚北部的红木林中。（Prompt 1: sci-fi movie clip of a complex sci-fi cube that appears in a redwood grove in Northern California.）

提示词 2：科幻电影片段，描述在羚羊峡谷发生的超凡遭遇。（Prompt 2: sci-fi movie clip of an otherworldly encounter in Antelope Canyon.）

效果见图 2-29。

图 2-29　科幻片段

在这两个俯拍场景中，Sora 都表现出了完美的三维一致性，这也是其他模型做不到的事情。

在 Sora 之前，创造具有复杂相机运动效果的视频需要复杂的三维建模和渲染技术，这是一个既耗时又耗力的过程。如果一个视频模型像 Sora 这样能够自然而然地拥有这种三维一致性，那么就可以大大简化这一过程。可以想象，在未来即使是没有专业视频制作背景的人，也能够轻松创造出在视觉上令人信服的三维视频场景。

而这种能力背后的原理是非常有趣的，模型之所以能够达到这样的效果，主要是因为它在训练过程中接触到了大量的视频数据，这些数据中蕴含着丰富的关于三维世界如何在二维屏幕上展现的信息。通过大规模的数据学习，Sora 学会了如何解读这些信息，并将其应用于新的视频创作中。在这个过程中，并没有人直接告诉 Sora 三维空间是如何工作的，它是通过观察和学习，自己掌握了这一点。

更进一步，这种能力的出现预示着机器学习领域的一个主要趋势，也就是随着模型规模的增大和数据量的丰富，模型可能会自然而然地获得我们未曾直接教授的能力。这对于人工智能的发展来说是一个令人兴奋的前景。随着技术的进步，我们可能会见证越来越多的原本只能通过复杂程序和算法实现的效果被 AI 结构性地颠覆。

Sora 不仅能保持场景的三维一致性，还能够有效地模拟短期和长期的依赖关系。Sora 能够在人物、动物和物体被遮挡或离开画面时仍然保持它们的存在，也能在一个样本中生成同一角色的多个镜头，贯穿整个视频保持其外观不变。

比如，在一个视频中，画面中的一个人物走到了树后面，暂时消失了，但过了一会儿又从另一边出现。在很多视频生成系统中，这个人物再次出现时可能就变成了另一个人，因为系统难以"记住"这个人物之前的样子。但 Sora 能做到这一点，它能记住这个人物，即使他暂时离开了画面，当他重新出现时还是原来的那个人。

比如，图 2-30 中的这只斑点狗，在视频的中间，路过的游客短时间遮挡住了小狗，但是当小狗重新出现时依然保持了角色的一致性。

同样地，如果视频中的

图 2-30　斑点狗的一致性

某个场景需要不断地切换回同一个角色时，Sora 也能保持这个角色的连续性。即使画面转换了很多次，那个角色的外貌和风格都不会改变，就像在真实世界中，一个人不会因为你转了个头就突然换了一副面孔。Sora 处理长期一致性问题的能力显著提升了视频的真实感和观赏性。

Sora 还拥有一个非常厉害的能力——它能够在一定程度上模拟角色与世界的互动动作，Sora 不仅能够创建非常逼真的人物和场景，还能让这些元素以自然的方式与周围环境互动，见图 2-31。

图 2-31　绘画过程的物理互动

图 2-31 中视频的内容是一位画家在画一棵树，和现实中一样，视频中的绘画是随着笔触逐渐铺陈在画面中的。

Sora 为视频生成带来了一种全新的动态和互动性，要实现视频中的这种效果，Sora 必须能够理解物体之间的相互作用以及这些相互作用如何随时间发生变化。在模拟画家绘画的场景时，Sora 需要理解画笔触碰画布是如何在画布上留下颜色的，以及这些颜色是如何随着每一笔的添加而累积形成完整的画面的。很显然，Sora 做到了这一点。

同样，在模拟吃东西的场景时，Sora 需要理解如何根据人物咀嚼和吞咽的动作来改变食物的状态，以及如何在视觉上展示这种状态的改变。注意看图2-32 所展示的这段视频中汉堡的咬痕以及人物的咀嚼动作。

图 2-32　汉堡的物理特性

这种仿真模拟主要依赖 Sora 两方面的特性：一是对世界物理规律的理解程度，二是对时间序列数据的处理能力。通过观察和分析大量的视频数据，Sora 学会了如何将一系列动作和效果串联起来，形成一个连贯且逻辑一致的过程。

我们还可以更进一步，让 Sora 处理一些包含更加复杂的物理特性的场景，比如模拟一些游戏的具体情境。

只需要一些简单的提示词，Sora 就能够在零次学习的状态下模拟《我的世界》游戏中控制玩家角色并以高度真实的方式渲染游戏世界及其动态，见图 2-33。

图 2-33　模拟游戏世界

Sora 不仅能理解玩家在游戏中的基本行为规则，还能捕捉到游戏环境的细微变化，并根据这些变化做出反应。就像视频中的那样，我们的角色推搡了一只小猪，这只小猪在受到惊吓后快速地逃离了我们的身边。

　　这种模拟能力的背后是对游戏世界逻辑的深刻理解和高度精确的推理。Sora 需要能够处理大量的信息，并在此基础上做出合理的决策，这个过程不仅包括对游戏规则的理解，还涉及对游戏内各种可能事件的预测。比如，Sora 需要能预见挖掘特定类型的资源可能遇到的挑战，或者建造某种结构所需要的材料和步骤。

　　Sora 在模拟游戏世界时所展现的高度真实性不仅体现在视觉上，也体现在游戏动态的再现上。Sora 生成的游戏内容看起来不仅真实，而且游戏内的物理规则、角色行为等也与实际游戏非常接近。这种能力的发展为我们提供了一个前景：通过不断扩大视频模型的规模，Sora 可能会进化为能够高度精确模拟物理和数字世界的强大模拟器，该模拟器不仅能够再现世界的外观，还能深入到自然界和数字世界中的对象、动物和人类行为复杂的动态过程中。

　　在流体的处理上，Sora 也表现出了相当强大的理解能力。

　　图 2-34 所示的视频中两艘海盗船在杯中的咖啡海面上来回游弋，涌起的咖啡海浪让船只在纵横交错中不断地高低起伏。制作该视频的提示词如下。

　　展示两艘海盗船在一杯咖啡内进行战斗的逼真特写视频。（Photorealistic closeup video of two pirate ships battling each other as they sail inside a cup of coffee.）

　　我们重点关注一下视频中的水体。流体模拟是现代计算机图形学中的一个难点，要创建真实的水动力学效果需要通过高级的流体动力学算法实现，其中包括大量的物理方程计算来模拟流体的黏度、惯性和表面张力等特性。Sora 在视频中展示的咖啡的波浪和溅射等流体动态效果非常精彩，咖啡波浪的形态和动态以及船只与流体相互作用产生的溅波无不表现出 Sora 在流体模拟方面的精确性和对物理世界的高度还原。而泡沫的纹理、微小的水滴和流体表面的波纹

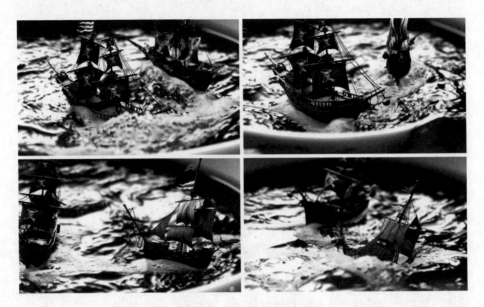

图 2-34　咖啡杯中的海战

这些细节大大提高了场景的真实度，从视频中可以看到，咖啡表面的泡沫和水珠十分真实。

不仅如此，Sora 还在视频中使用了移轴摄影的视觉效果，使得两艘海盗船有一种玩具感，而通过调整光照、阴影和颜色，Sora 成功捕捉到流体表面的细节和质感。光线在咖啡流体表面的反射和散射，以及阴影的形成，都经过了精心设计以增强视觉上的真实感，流体表面明暗和颜色的过渡处理也让人惊讶。

为了使场景更加生动，Sora 在视频中对流体的运动进行了精确的动态捕捉。这不仅包括波浪的起伏，还包括船只在水面上移动造成的涟漪，这些动态效果的设计和实现不仅要使用复杂的模拟算法，还要结合实际物理规律确保动态效果与观众的期望一致。

我们还可以关注一下海盗船的建模和动态互动，Sora 不仅确保了这些船只有完整的外观，而且确保了它们在流体中的行为与现实世界中的船只相符。船只在波浪中的摇摆、倾斜，甚至与波浪冲突时的细微反应，都是贴合船下波浪的动态的。

我们再看一个镜面透视与镜面反射的例子。提示词如下。

> 映在行驶在东京郊区的火车窗户上的倒影。（Reflections in the window of a train traveling through the Tokyo suburbs.）

效果见图 2-35。

图 2-35 行车中的倒影

图 2-35 又是一个让人难分真假的视频，视频的主题内容是通过车窗观察东京郊区景色的一组镜面反射场景，从镜面反射的角度看，视频精准地展现了火车窗户玻璃的反射特性，在火车内部与窗外景色的叠加效果中可以看到内外视图在光线作用下产生的多层次视觉效果，这种效果源于 Sora 对三维空间的深刻理解。火车窗外的建筑逐渐向远处缩小，这是一种透视现象，在场景构建时 Sora 对透视法则的准确应用更让人佩服。通过调整景物大小、空间深度以及光线角度，Sora 创建出一种既真实又具有深度感的画面效果。

可以看到在窗户反射的场景中，细节层次丰富、刻画细腻。无论是远处建筑的轮廓，还是车厢内乘客的表情和动作都被表现得非常逼真。实现镜面反射的效果不仅需要准确的光线模拟，还需要高度的颜色控制能力。反射光中天空的蓝色渐变、建筑的色彩以及内部光线的温暖色调，都需要在色彩校正过程中精心平衡，以保证场景色彩的和谐与自然。

Sora 对不同材质的反光特性有准确的理解，玻璃的高光反射与金属或塑料的反射光泽有本质的不同，Sora 能精确地模拟这些特性，确保视频中的每一个细节都符合观众对物理现象的期待。

在动态场景的捕捉上，由于火车在移动中，Sora 要处理好镜面反射的连续性和流畅性，在视频编辑中做到无缝对接，让镜面反射随着火车的前进动态变化，而不产生跳跃或者突兀的视觉效果，也不是一件容易的事情。

在这段视频中，Sora 所创造的世界是非常具有互动感的，仿佛这就是我们乘坐火车时所看到的场景。

我们再看下面这个例子，提示词如下。

> 一群纸飞机在密集的丛林中飘扬，像候鸟一样在树木间穿梭。（A flock of paper airplanes flutters through a dense jungle, weaving around trees as if they were migrating birds.）

效果见图 2-36。

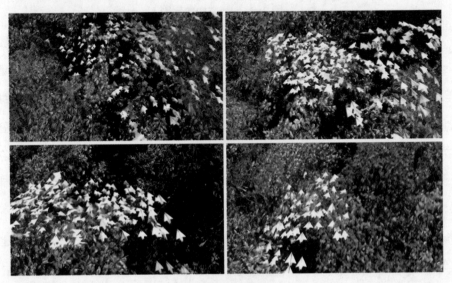

图 2-36　纸飞机集群

图 2-36 所示的这个视频最大的难点在于数量众多的纸飞机之间的物理碰撞，而纸飞机穿梭于丛林的场景是分析 Sora 在物理碰撞处理方面的卓越技艺得很好范例。物理碰撞的逼真模拟是 3D 动画和仿真领域的一个重点，对精确的物理引擎算法和深刻的现实世界动力学理解有着很高的要求。

Sora 通过其对物理规则的理解准确模拟了纸飞机与空气的相互作用，纸飞机的飞行路径随机且自然，轻盈的纸张随风摆动。在视频中可以观察到每架纸飞机的姿态各异，有的呈现平稳滑翔的姿态，有的在空中翻转或旋转，Sora 精确展现了纸飞机与空气动力的交互效果。

在物理碰撞的模拟中，Sora 对纸飞机与树木间接触时的反应也有着深刻的理解，现实中碰撞后的反应会因为接触的角度、力量、物体的质量和弹性等因素有所不同。视频中纸飞机在与树枝接触时有的会被挡住，改变方向，有的会在树枝间弹跳，这种效果的创造需要 Sora 对碰撞检测和响应的算法有深刻的理解和高度的控制能力。

在处理大量纸飞机的集体运动时，Sora 还展现出了它们之间的相互作用，就如候鸟在迁徙时会形成特定的飞行队形一样，纸飞机也应该表现出一定的群体行为，这需要在仿真中应用复杂的算法来协调每架纸飞机的行动，确保它们之间不会出现不自然的同步。

图 2-37 这段视频既没有复杂的光照，也没有精细的人物，之所以把它放在这里，是因为它的难度来自另一个维度。提示词如下。

> 镜头绕着一大堆放置在纽约博物馆展厅内的复古电视机旋转，这些电视机上播放着不同的节目——20 世纪 50 年代的科幻电影、恐怖电影、新闻、静态画面和 20 世纪 70 年代的情景喜剧等。（The camera rotates around a large stack of vintage televisions all showing different programs — 1950s sci-fi movies, horror movies, news, static, a 1970s sitcom, etc, set inside a large New York museum gallery.）

图 2-37 堆叠的电视机

视频中有大量的电视机，有很多都在播放节目，而每一个节目都是一段独立的视频生成，也就是说在这一段视频中 Sora 同时生成了数十段老式风格的视频影像。

在单一的框架内集成大量独立播放的内容的复杂性是很高的，要展现这样一个场景，Sora 必须对每个电视机上播放的每个节目进行独立的视频生成和同步，这不仅考验模型对视频内容多样性的把握，还涉及协调和管理这些内容的播放的技术难度。

在视频中，这些电视机各自播放不同节目的设计充分展示了 Sora 在资源管理和多任务处理上的能力。每台电视机都需要一个独立的视频流，这意味着必须同时渲染数十个不同的视频片段，Sora 需要精确控制每个视频片段的播放时刻和播放速率，确保它们与视频中的镜头移动同步，以及它们之间的相互影响最小化。

具体到每个节目内容的创作和渲染，从 20 世纪 50 年代的科幻电影到 20 世纪 70 年代的情景喜剧，Sora 需要理解各个时代的电视节目风格，包括它们的画面色调、动作特点、编辑节奏和视觉效果等，以便在每台电视上复现那个时代的电视观看体验。Sora 在创建这些视频内容时还要考虑画面的互动和连贯性，观众的视线会在多个视频内容之间游移，各个视频在视觉上要有统一性，以避免画面上的混乱和视觉疲劳。

2.6　利用 Sora 生成 3D 模型

这一节我们讲点不一样的东西。

利用模型分析软件，我们可以从 Sora 生成的视频中提取一个可编辑的 3D 模型。选择一个画面和空间连续性比较强的视频，以画面中的场景为例，将其转化为 nerve 或者 gossplatting，进而形成一个完整的 3D 模型。

进入 polycam 官方网站，网页的布局如图 2-38 所示，单击"Create a 3D model"（创建一个 3D 模型），进入图 2-39 所示的界面。

图 2-38　polycam 界面

图 2-39　选择界面

　　继续选择"Choose from file system"（从文件系统中选择），在本地文件中挑选需要创建 3D 模型的视频进行上传。这里我们选择海岸教堂这个视频（图 2-40）。

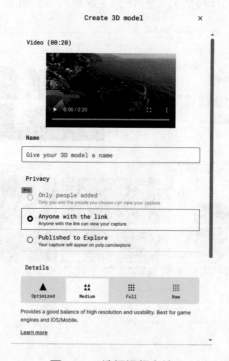

图 2-40　选择视频文件

进行简单的设置之后，拖动到最下方单击"Upload & Process"按钮，等待一段时间后我们的模型就能提取成功（图 2-41）。

Create 3D model   ×

Uploading...

41

Wait until upload finishes to close this screen.

图 2-41　等待模型生成

提取的模型如图 2-42 所示。

如果想要提高模型的精度，那就需要在生成视频时尽量让镜头进行环绕拍摄，去获取尽可能多的整体细节，并且时长最好达到一分钟。

这个功能给了我们更多的创作可能性和想象空间，通过文生视频或者图生视频进而得到一个完整的 3D 场景模型。

图 2-42　生成的场景模型

2.7　Sora 的突破点在哪里

Sora 之所以能够打破时长和真实感的限制，关键在于它采用了 DALL · E 模型作为构建基础。

保证高质量图像的同时产生超过 10 秒的视频内容，对于以往大多数视频生成模型来说是个挑战。这是因为循环神经网络（RNN）、生成对抗网络（GAN）

以及扩散模型等传统视频模型在建模方法上有所限制。这些模型通常仅能学习特定类型或时长较短的视频。

传统视频生成模型对训练数据的要求极高，需要将所有训练用的视频剪辑为标准尺寸的视频片段。而构建 Sora 时，OpenAI 采取了创新策略，引入了 DALL·E 先进技术，这项技术结合了扩散模型和变换器神经网络，使得模型能将随机像素阵列转换成图像，并支持长序列数据。这使得 Sora 能够以一种块状的方式理解和分析视觉数据，而不必坚持传统的预处理步骤。随着计算能力的提升，视频的生成质量也得到了显著的提高。

如图 2-43 所示的这个早期基于基础算力生成的视频样本，效果简直可以用支离破碎来形容。当算力提升到 4 倍之后，所生成的视频已经可以被正常识别（图 2-44）。

而当算力达到 32 倍之后，生成视频的效果就比较惊人了。这跟我们平时正常拍摄的视频已经看不出区别（图 2-45）。

所以，Sora 基于原始数据而非标准化处理的数据的训练不仅可以让它

图 2-43　基础算力生成的视频

图 2-44　4 倍算力生成的视频

图 2-45　32 倍算力生成的视频

初步拥有理解真实与虚拟世界的能力，还能够灵活生成时长不同、分辨率不同、尺寸不同的各种视频。

　　算力的领先能够让 Sora 进行巨量运算，就像图 2-46 所示的这个例子。人物身体以及嘴部的肌肉运动、皮肤的光影质感都是依靠大量算力才能拥有的效果。提示词如下。

> 　　一个 20 多岁的年轻人坐在天空中的一片云朵上，正在读书。（A young man at his 20s is sitting on a piece of cloud in the sky, reading a book.）

图 2-46　坐在云端的年轻男性

图 2-47 所示的视频更是如此。提示词如下。

> 　　一名 24 岁女性的眼睛在魔幻时刻的马拉喀什闪烁，特写镜头，70 毫米电影胶片拍摄，景深效果，色彩鲜明，电影风格。（Extreme close up of a 24 year old woman's eye blinking, standing in Marrakech during magic hour, cinematic film shot in 70mm, depth of field, vivid colors, cinematic.）

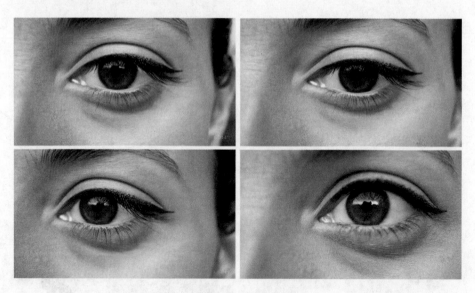

图 2-47　眼部特写

不要小看这只眼睛，注意看人物的皮肤纹理细节，以及眼睛的反光，生成这只眼睛所消耗的算力要远远大于同等时长的迪士尼动画。而这只是 Sora 在算力上的优势。

在后续的内容中，我们会进一步解释 Sora 在算法以及底层架构上的领先之处。

要弄清楚 Sora 是否能够理解世界，我们需要从它是如何做到现在这一切的谈起。

第 3 章　Sora 的技术基础

3.1 像素与点阵所构成的世界

在计算机的世界，所有的图像都是由像素构成的。可以把像素理解为一种微小的、有色的点。想象一下，你有一幅巨大的画布，如果用笔在画布上点上很多彩色的小点，这些色点就是像素。而当点足够多、足够密的时候，它们就能够拼凑成一幅完整的图画，这些点的排列方式叫作点阵。

在电子屏幕上，每个像素不再是简单的彩色点，而是微小的发光元件，这些元件通常包括红色、绿色和蓝色三种颜色的"小灯"。通过调节这些"小灯"的亮度，我们可以在屏幕上创造出各种颜色的组合，从而形成丰富多彩的图像。这个过程有点像你用不同颜色的荧光笔在黑暗中绘画，每一点光亮都是你画作的一部分，而所有的光点汇聚在一起，就形成了一幅绚丽的画作。

就像图 3-1 所示的那样，把一张图片放大之后就能看到一堆颜色各异、紧密排列的小方块，这里面的每一个方块就是一个像素。

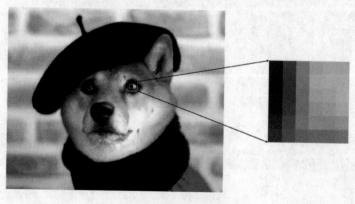

图 3-1　局部放大后的像素点

在我们谈论屏幕或图像的分辨率时，实际上是在谈论像素的密度。一种常见的屏幕分辨率是 1920×1080，也就是在屏幕的宽度上排列着 1920 个像素，高度上排列着 1080 个像素，总共是 2073600 个像素。分辨率越高，意味着屏幕或图像中的像素点越多，我们就可以得到更清晰、更细腻的图像。

在早期的电子游戏和计算机图形中，由于技术限制，像素点往往很大，容易被肉眼识别出来，这就是我们常说的"像素风"或"8 位风格"。随着技术的发展，像素点变得越来越小，以至于在现代的高清屏幕上我们几乎看不到单独的像素点。

3.2　程序的"方言"：如何与机器交流

不知道各位读者有没有这样的疑问，计算机是用什么语言进行交流的？

计算机其实是很"笨"的，它只能理解"1"和"0"两个数字，这两个数字对于计算机语言来说，就像"a、b、c……"之于英语，"你、我、他……"之于汉语。我们输入计算机的所有内容最终都会被翻译成由 1 和 0 组成的大串数字，这就是计算机所使用的语言——二进制语言。

在生活中，我们所使用的计数法是十进制计数法，十进制数每一个位置上可以是 0 ~ 9 十个数字中的一个，当我们从零数到九时是"0、1、…… 9"，而当数到十时，数字不够用了，那就向前进一位，把十书写为"10"，这也就是逢十进一。

二进制也是类似的，只不过二进制是逢二进一，下面我们通过表 3–1 观察一下从 0 到 10 所对应的二进制是什么数字。

表 3-1　从 0 到 10 所对应的二进制数字

十进制	二进制
0	0
1	1
2	10
3	11
4	100
5	101
6	110
7	111
8	1000
9	1001
10	1010

由于二进制每个位置上可用的数字太少，只有 0 和 1 两种，因此用二进制表示数字的时候要频繁地进位，"9" 如果使用十进制表示只需要一个位置，但是 "9" 在二进制中足足占了四个位置。

为什么计算机不直接使用我们更熟悉的十进制系统呢？答案在于计算机的物理设计和它处理数据的方式。

计算机是使用电信号的机器，计算机内部传递信息本质是电信号的互相传递。计算机由数以亿计的微小电子部件组成，我们可以将这些电子部件看作微型的开关，它们可以处于开启（通电）或关闭（断电）两种状态。这种二元的特性使得二进制成为描述这些状态的理想选择——用 "1" 表示通电（高电平），用 "0" 表示断电（低电平）。

如果使用十进制，那么每一个开关都要区分十种不同的状态，这在技术上几乎是无法实现的，而且出错的概率较大，电流稍微不稳定就会被识别为错误的挡位。

　　所以，尽管二进制系统在表示数值时比十进制冗长得多，但是它在计算机科学中的应用有着无可比拟的优势：一是它简化了计算机电路的设计，因为只需设计能够识别两种状态的电路，而不是十种或更多；二是二进制系统提高了数据处理的可靠性，因为在高电平和低电平之间有一个明确的区分，减少了误读的风险。

　　那为什么在计算机的使用中我们所接触到的往往是十进制呢？这是为了方便人们的使用，在计算机内部对二进制进行了翻译。

3.3　神经网络：让计算机长出人类的大脑

　　在中学的时候，我们学习过神经元的概念，而神经网络就是以模仿生物学中的神经元为基础，进而组织起类似于人类大脑的神经元网络。

　　神经网络这个听起来有些科幻的名词，其实就像计算机中模拟人脑的"芯片"。我们的大脑是由无数个叫作神经元的小细胞构成的，它们通过纤维状的结构互相连接，就像城市之间密集的公路网。这些连接不断传递信息，就像快递员在城市间送快递一样，保证信息能迅速准确地从一个地方到达另一个地方。

　　计算机的神经网络也是这样，它由很多个被称为"节点"的小部分组成。这些节点按照一定的方式相连，就像一座座城市之间铺设的公路，节点之间的连接就是路。信息在这些路上跑，节点就像一个个小转运站，收集信息，处理信息，再发往下一个节点。

　　让这个网络变得聪明的秘诀在于"学习"，神经网络能够通过"经验"优化节点之间的连接，这就像你学骑自行车一样，一开始可能会摔跤，但多试几次后，你就学会了怎样才能保持平衡。对于神经网络，每一次信息的传递都相当于一次"练习"，它会根据反馈调整每条路上的"速度限制"，使信息能更顺畅地流动。

这样计算机就能做很多人脑能做的事情，比如识别图片中的猫和狗，或者听懂你说的话。当然，它还不如人脑那样复杂和灵活，但在某些特定的任务上，它已经能够做得和人类一样好，甚至更好。

你可能在网上购物时看到过推荐的商品，这就是神经网络根据你之前的浏览和购买历史"学习"到的，它通过了解你的喜好，推测出你可能想买的东西。现在很多手机上的人脸解锁功能，也是神经网络学习了成千上万个人脸特征之后，才拥有的能识别你的脸的功能。

神经网络就像给机器植入了一颗学习的"种子"，这颗"种子"一旦种下就会不断成长，变得越来越聪明。但这个"种子"需要非常多的"养分"，在神经网络的世界里，这些"养分"就是数据。有了足够的数据，"种子"就能生长出强大的"知识树"，帮助机器更好地理解这个世界。

当然，神经网络也不是万能的。有时候它会犯一些让人啼笑皆非的错误，比如把斑马识别成狗，或者在翻译时出现奇怪的语句。这就像人类学习时也会犯错一样，需要不断的练习和改进。

在未来，神经网络有望变得更加强大，帮助我们解决更多的问题。或许有一天，它们真的能像人类的大脑一样，不仅能学会知识，还能理解情感，做出创造性的决定。但那还需要时间，毕竟就连人类自己的大脑，我们至今也还没完全弄明白呢。

3.4 识别与标注：一个 AI "画匠" 的养成

在计算机中，所有的图像都是由像素构成的，而每一个像素点都可以用一串数字来表示它的状态，这就构成了让 AI "理解"图像的基础。在 AI 的世界里，AI 所看到的图像与人类眼中的图像是完全不一样的，在 AI 的眼中图像是一片数字的海洋，每一个像素点都是一串数字，一张 1920×1080 的图像就是一座由 2073600 串数字构成的巨型数字矩阵。

在这片杂乱无章的数字世界中，想让 AI 学会什么是猫、什么是狗，就要提供无数被标注好的图片让 AI 学习，哪些数字矩阵组合起来是猫，哪些数字矩阵组合起来是狗。

这种学习量稍微想想就知道是个天文数字，虽然庞大，但对于 AI 来说却是必要的过程，就像小孩子从零开始学习这个世界一样，必须通过观察和模仿逐渐积累经验。这个过程在 AI 领域被称为"机器学习"。特别是在图像识别这一领域，更是应用了一种叫作"深度学习"的技术，使得 AI"画匠"的养成变得可能。

为了准确地识别出图片中的对象，AI 需要学习大量的带有标签的图片，这个过程就像给 AI 看无数的图像字典。每一张图片都明确地告诉 AI：这是猫，这是狗。这些被标注好的图片，我们称为训练集。通过对训练集的学习，AI 逐渐掌握了识别不同对象的能力。

AI 的训练过程类似于考试和复习。在训练阶段，AI 会尝试识别训练集中的图像，并给出自己的答案。如果答案正确，则加强当前的判断路径；如果错误，则调整内部参数，直到正确为止。这个过程会不断重复，每一次重复都是 AI 的一次"复习"，使其识别能力越来越强。

在 AI 进行了足够数量的学习之后，我们需要对 AI 进行"考试"，看看我们的"学生"对图像的掌握情况。

在有了"看"图能力的基础上，AI 就可以尝试学画画了。

但是，与其说那些图像是 AI"画"出来的，不如说是 AI"猜"出来的。AI 对于图像的感知完全基于对数字的理解。在经过学习与训练之后，AI 对于每个像素点应该是什么状态会产生一种基于概率的评判，这一点与 ChatGPT 对于文字的理解如出一辙。

模型会选择概率最高的像素点状态进行输出，并保持循环往复直到生成所有的像素点，最后将模型的输出"翻译"回色彩的状态，组合到一起便形成了我们所看到的 AI"画作"。

　　将 AI 与绘画相提并论，我们不禁会惊叹科技的魔力。但仔细想想，AI 创造图像的过程更像一场精密而复杂的"猜测游戏"。与人类艺术家用笔触表达情感和打造视觉体验不同，AI 的"视觉"体验纯粹建立在对数据的解读上。它通过分析成千上万的图像数据，学会了识别不同物体、景象甚至情感的数字化模式。AI"画画"时，实际上是在运用这些模式，对每个像素点最可能的状态做出预测。

　　一个 AI 系统正在尝试创作一幅猫的图像。它不会从猫的生理结构或生活习性入手，而是从巨量被标记为"猫"的图像中寻找共同点。这些共同点被转化成数学模型中的参数，以此指导 AI 绘制每一个像素点。这个过程好比在进行一场盲拍——AI 根据以往"经验"猜测某个像素点在特定条件下最可能呈现的颜色和亮度。

　　在这个猜测的过程中，概率起着决定性的作用。AI 通过算法计算出每个像素点成为某种颜色的可能性，并选择可能性最高的选项。这种基于概率的选择并不是一次性完成的，而是一个反复迭代的过程。就像一个画家在画布上反复调整色彩和线条，AI 也在不断调整，直到"感觉"这些像素点的组合最能代表它所学到的"猫"的概念。

　　这个过程的复杂之处在于，AI 必须考虑像素点之间的关系。不是独立选择每个像素点的状态，而是要考虑周围像素点的状态，确保整体图像的连贯性和协调性。这就像画家应确保每一笔都能与周围的笔触和谐相融，共同构成一个完整的画面。

　　当所有像素点都被"猜测"出来后，AI 的工作还没有结束。接下来，它需要将这些基于概率的"猜测"转化为我们能够识别的图像。这一步骤涉及将数字数据转换为视觉信息，即色彩、亮度等。最终，这些像素点的集合被渲染成一幅完整的图像，展现在我们面前。这幅图像就是 AI 基于其对数字世界的理解，通过无数次的计算和选择，最终"猜测"出来的结果。

3.5　如何让图像动起来

我们可以把让图片动起来的过程想象成动画片里的一本本快速翻动的漫画书。你是否还记得小时候用手指在书页边缘快速翻动，书页上的小人就像活了一样？这其实是一种很古老的动画形式，叫作翻页动画。

在数字时代，这个原理其实没变，只是变得更高科技了。我们把一系列图片按照特定的顺序快速播放，每一张图片就像漫画书中的一个画面。在这一系列图片中，每一张都记录了一个动作的不同阶段，比如一个人从站立到跳跃的全过程。当这些图片快速播放时，我们的大脑会自然地把它们连接起来，感觉就像那个人在跳跃一样。

这个播放顺序的专业术语叫作"时序"。时序就像导演，告诉每一张图片何时出场，确保动作连贯和流畅。如果时序乱了，那么播放出来的动画就会显得支离破碎，动作也不自然。

但是，要做到让动画流畅自然并不简单。首先你需要足够多的图片来记录一个动作的每一个细节。想象一下人跳跃的动作，如果你只有起跳和落地两张图片，那么播放出来的动画就会非常生硬。如果你有起跳、上升、顶点、下降、即将着地、着地六个阶段的图片，播放起来就会平滑得多。

播放速度也很重要，如果播放得太快，会让人看不清发生了什么；播放得太慢，动作又会显得拖沓。找到合适的播放速度，让人眼睛能跟得上，同时能感受到动作的节奏，这是制作动画的一个重要技巧。

现在的科技让我们不仅可以用静止的图片制作动画，还能让图片中的特定部分动起来，比如 GIF 图片，你常在网络上看到的那种小动图，就是在一组图片之间来回切换来创建动态效果的。

还有更高级的技术，比如电影中的特效，可以让静止的图片像真实世界中的物体一样移动和改变形态。这些需要利用复杂的计算机图形学技术，通过模拟光线、影子、质地等给观众一种真实的感觉。

3.6 点、面、体

无数的像素点组成了图像，而无数的图像组成了视频，这就是像素、图像与视频之间的关系。虽然可以依据三者的关系建立一个三维坐标轴，但在视频领域，这三者之间并不是三维空间关系。

你手上拿着一盏灯，在黑暗的房间里移动它，房间的每一点都可能被灯光照亮，每个点的亮度代表了那里的信息。在电脑屏幕上，这些点就是像素，是构成图像的基本单元。每个像素就像房间里的一个点，它可以有不同的颜色和亮度。当这些点足够多、排列得足够密时，就组成了一个完整的图像。

如果你让这盏灯随着时间移动，那么房间里的光线就会发生变化，形成了一个动态的效果。同样地，当一系列的图像快速播放时，就形成了视频。这就是点（像素）、面（图像）和体（视频）的关系。它们看似简单，却隐藏着无限的可能性。

这里有一个不同之处，在现实世界中，三维空间是由长、宽、高三个维度组成的。但在视频技术中，这三者并不直接构成三维空间。相反，当我们在屏幕上看到的一连串的图像在时间轴上排列时，屏幕上的点和面就像在时间的海洋里航行的船只。而这个时间的维度，就是我们说的"厚度"，它给了静态的图像生命，让它们动了起来。

当我们谈论 Sora 模型时，它的工作原理就是在这个时间的海洋中导航。Sora 不是通过眼睛看世界，而是通过算法。它通过分析大量数据，来识别每一个像素点在不同图像中随时间变化的模式。就像学习天气模式一样，通过观察云的形状和风的方向，可以预测天气变化，Sora 通过理解像素变化的模式，可以预测下一帧图像，甚至下一段视频。

AI "看"图像，就像听一首从未听过的歌曲，但能理解每一个音符，然后创作下一句歌词。它不是通过感受来理解世界的，而是通过数据。它所"看到"的，不是猫的形状、天空的蓝色或温和的笑容，而是像素的排列、颜色的组合和光线的强度。

所以，在 AI 的世界里，一切都是数据，它们形成一张网，每个交叉点都有它的位置和价值。AI 通过这张网理解世界，就如同我们通过眼睛和大脑理解一样。每一帧图像，每一个动作，甚至每一个情感的表达，在 AI 世界中都可以转换成一串串的数字和代码。

这种理解方式给了 AI 一个强大的能力：不受物理世界的限制。它可以"看到"超出人类视觉范围的图像，可以"理解"超出人类经验的模式。而这也正是 AI 在视频生成、医学诊断、天气预测等诸多领域显示出巨大潜力的原因。

3.7　预测未来：猜猜看下一帧是什么

视频生成技术依赖深度学习模型，特别是卷积神经网络（CNN）和 RNN。这些模型能够学习视频数据中的时间序列特征，从而预测未来的帧。近年来，GAN 和变分自编码器（VAE）等技术的引入，极大地提升了视频生成的质量和准确性。

预测未来就像在玩一个猜谜游戏，尝试预测接下来会发生什么。在视频技术中，我们想要计算机能够猜出一个正在播放的视频的下一帧画面，这听起来像是魔法，但实际上这种技术已经存在了。

我们了解下计算机是如何"学习"的。就像小孩子通过观察周围的世界来学习一样，计算机通过分析大量的视频数据来学习。计算机使用的一种技术叫作卷积神经网络，这种网络特别擅长处理图像和视频。它就像一双眼睛，可以看到图像中的每一个细节，识别出图像中的形状、颜色和纹理等特征。

计算机使用的另外一种技术叫作 RNN，它像有记忆的大脑，不仅可以看到每一帧图像，还可以记住之前的帧。这样，RNN 就能够了解图像是如何随着时间变化的，比如一只猫是如何从屋子的一边跳到另一边的。通过学习大量这样的视频，RNN 能够对动作的发展趋势做出预测。

最近几年，GAN 和 VAE 这两个高级技术的出现，就像给了计算机一个超级大脑。GAN 通过两个网络的对抗学习来提高生成图像的真实性。想象一下，一个网络试图创造真实的视频帧，另一个网络则尝试找出这些帧中的错误。通过这样的竞争，生成的图像越来越逼真。

VAE 则是一种改良版的自编码器，它不仅能生成新图像，还能保证生成的图像具有多样性和新颖性。VAE 学习视频数据的深层结构，就好像学习了内部的图像语法，之后它就可以使用这种语法来创造全新的图像。

但是，这些技术并不是完美的。有时候计算机生成的图像可能会出现一些不真实的细节，比如一个人的手突然变形，或者颜色不自然。这是因为计算机虽然能"看到"和"记住"图像，但它并不真正理解图像代表的是什么。因此，技术人员需要不断地调整模型，提供更多的数据，让计算机的"学习"更加接近真实世界的运作方式。

在前面的内容中，我们大体了解了Sora 视频生成的技术原理，但是这中间还存在着一片盲区——Sora 是一个文生视频大模型，而我们只是了解了视频生成的相关内容，那么它是如何"看懂"我们的文字，理解我们的意思，从而生成贴合原意的视频的呢？接下来，我们就一探究竟。

第 4 章　从文字到视频：Sora 养成指南

4.1 如何使用文字生成图片

想知道模型如何利用文字生成视频，我们首先要弄清楚模型是如何用文字生成图片的。最开始，处理图像的传统方法是使用 RNN 和 GAN。

4.1.1 RNN

想象一下，你正在和一个朋友玩一个游戏，游戏的规则是这样的：你开始讲一个故事，每次只说一句话，然后你的朋友要基于你之前说的内容接下一句。这个游戏要求你的朋友不仅记得你最后说的那句话，还要记得整个故事的走向，这样故事才能连贯。

RNN 就像这样的游戏玩家。它被设计成可以记住信息的流动——不仅仅是最近的信息，还有之前的信息，这样它就能在处理序列化数据时保持数据的连贯性。在生成图像时，RNN 会将图像视为一系列的数据点或像素序列。就像讲故事一样，RNN 会根据当前像素点的"历史"，即它前面的像素点，来预测当前像素点应该是什么。

当我们想用 RNN 生成一张脸的图像时，RNN 会从脸的左上角开始，预测接下来的像素，然后基于已生成的像素继续预测，不停地重复这个步骤直到完成整张脸。这就像一笔一画地画出脸的轮廓和特征，它的每一步都是基于之前的笔迹。

4.1.2　GAN

现在让我们换个场景。假设你参加了一个烘焙活动，活动的内容是制作一款蛋糕。但这个活动有个特别的规则：有一个评委会在你制作蛋糕的过程中持续给你反馈，告诉你哪里做得好、哪里需要改进。而你要根据评委的反馈不停地调整制作过程，直到评委认为你的蛋糕与真正的美味蛋糕无异才算结束。

GAN 正是基于这样的"竞赛"机制，它的主体由两部分组成：一部分是生成器，另一部分是判别器。生成器的任务是制作图像，就像你在活动中制作蛋糕一样；而判别器的任务是评判图像，就像评委不停地评判你的蛋糕。生成器尝试制作逼真的图像来"欺骗"判别器，而判别器尝试区分生成的图像和真实的图像。

在这个过程中，生成器和判别器会不断地互相学习和适应，生成器学习如何制作越来越逼真的图像，而判别器学习如何更好地识别图像的真伪。这个过程就是一场拉锯战，最终目的是让生成器能够制作出几乎无法与真实图像区分的图像。

如果我们想用 GAN 生成一张猫的图像，生成器会尝试制作各种猫的图像，而判别器会尝试判断这些图像是否为真实照片。开始时生成的图像可能看起来很粗糙，甚至根本不像猫。但随着时间的推移，生成器学会了如何改进，生成的猫看起来越来越真实。判别器也变得越来越精于辨识，它会更加仔细地观察图像的细节，以区分生成的猫图像和真正的猫照片。这场"竞赛"的结果就是生成器最终学会制作非常逼真的猫图像，以至判别器难以区分它们是否为真实猫照片。

判别器的存在迫使生成器不断提高自己的"技艺"，如果没有判别器这个"严格的评委"，生成器可能会满足于所制作的较低质量的图像，因为它没有动力改进。

4.1.3 扩散模型

现如今的文生图大模型大都利用了一个叫作扩散模型的框架，这是一种深度学习模型，通过模拟物理世界中的扩散过程来生成数据。我们向一张图片中添加一种特殊的随机噪声，这种噪声叫作高斯噪声，它的特点是变化平缓且遵循一定的统计规律，就像自然界中随机的背景噪声。我们不是一次性加入所有的噪声，而是分多个步骤慢慢加入，每一步都略微增加噪声量，直到最后原始的图片被噪声完全覆盖，变得就像电视信号丢失时的那种雪花屏一样，原始内容几乎无法辨认。这个过程看起来就像噪声点慢慢扩散到整张图片上，所以这种模型被叫作扩散模型（图 4-1）。

图 4-1 噪声的扩散过程

这个过程会被完整地记录下来，它的每一步变化模型都会仔细地学习。

在完成学习之后，模型就能够精确地识别图片中存在哪些噪声，之后模型只要重复这个过程的逆过程，也就是从一个雪花屏开始不断地重复去除噪声的步骤，模型就能还原出一张清晰的图片（图 4-2）。

这种方法的神奇之处在于通过学习噪声的添加和去除过程，机器能够理解和模拟出图片背后的复杂结构和细节，从而创造出全新的、逼真的图像。

相较于 RNN 与 GAN，扩散模型在很多方面都表现出了明显的优越性。

在图像生成上，RNN 缺乏对画面整体的把握。图像跟文字和音乐不同，画面的每一部分都可能与远处的某个细节相关联，而不仅仅与紧邻的像素有联系，RNN 的生成机制注定了它难以处理整幅画面的全局信息。

图 4-2　逐步逆向去除噪声

放弃 GAN 则是因为它的训练过程不稳定，虽然它可以创造出令人难以置信的逼真作品，但"竞赛"有时会面临失控，判别器可能会在对抗中变得过于苛刻，导致生成器过于消极与沮丧，难以继续创作。特别是在训练大体量的模型来生成高分辨率的图像时，过多的对抗与训练量会让判别器彻底沦为一个"魔头"，在这样的裁判的注视下，生成器很难完成自己的工作。

扩散模型的训练过程则更简单直接一些，去除噪声的过程是整体性的，也就不存在 RNN 无法全局掌握画面信息的问题。而且，扩散模型去除噪声的步骤是逐步进行的，它允许模型有更多的控制空间来精确地调整每一步的细节，避免了 GAN 中的突然跳跃或不自然的伪影。

但是，这种更加先进的生成方式也是 AI 绘画不稳定的根源。

虽然扩散模型正向添加噪声的过程是确定的，但逆向过程——从噪声图像恢复出原始图像——涉及在每一步中从多种可能的去噪路径中选择一条，这种选择本身就带有一定的随机性，模型需要在众多可能的去噪操作中做出自己的决策。所以，即使从相同的噪声状态开始，模型也会因为随机性而生成不同的图像。

扩散模型的逆向过程是基于当前的噪声状态去预测去噪后的图像状态的，这个预测过程并非完美无误的，模型可能会在预测时产生轻微的偏差，这些偏差随着去噪步骤的进行而逐渐累积，最终就会导致生成的图像之间的差异。

除了绘画缺乏稳定性外，最初的扩散模型本身也存在着很多问题。

扩散模型需要的训练数据太过庞大，图片上的像素信息是非常密集的，一张 1920×1080 的 RGB 图像在不经过压缩的前提下就包含了 2073600 个像素点，再换算成每个像素点所包含的三原色的三维向量，最终可以转换成一个 6220800 维的向量空间，这对显存来说是一个沉重的负担。哪怕无节制地扩充显存勉强将数据塞进去，面对这种量级的数据，模型训练的效率也会极其低下。

既然数据太过庞大，那最直接的办法就是设法把训练数据进行减量处理，沿着这个思路所使用的方法就是采样压缩技术。

下采样是一种最为直观的采样压缩技术，它通过减少图像的分辨率来降低每张图像的像素数目。下采样会选择性地去除某些像素点，最常用的方法之一是"邻域平均"，也就是将图像中的一个像素区域（如 2×2、3×3 等）合并为一个像素点，合并后的像素点的值是原区域内所有像素点值的平均值。这样一来原本需要多个像素点来表示的信息现在只需要一个像素点，从而大幅度减少了整体像素数量。一张 1920×1080 的图像下采样到 960×540，像素数目就减少了四分之一，相应地，所需处理的数据量也大大减少。

但是，压缩后的图像带来了一个新的问题，那就是如何保障图像所携带的有效信息不被压缩掉。这一次，解决问题的办法来源于潜空间这个概念。潜空间可以被视为一种"有目的"的压缩算法，它不仅仅减少数据的规模，更重要的是在这个过程中精心挑选和保留那些对于图像意义重大的特征。

潜空间算法通过深度学习模型来发现和编码图像中最重要的特征。在训练过程中，模型会学习将原始图像映射为一个更小的、密集的表示形式，即潜在的空间，这个空间能够捕捉图像的本质特征。之后通过解码过程，这些潜在的特征可以被用来重建图像，尽管重建的图像可能不会在每一个像素上都与原图完全一致，但关键的视觉和语义特征将被保留。

潜空间算法的核心在于它能够区分哪些信息对于图像的理解是重要的，在人脸图像的压缩中，潜空间算法会专注于保留面部的关键特征，如眼睛、鼻子、嘴巴的位置和形状，而那些对于识别身份意义不大的背景细节可能会被舍弃。这意味着即使被压缩之后，图像仍然保留了足够的信息以准确地识别人脸，但文件的大小大大减少了。与传统的基于特征空间的相似度算法相比，潜空间算法提供了一种更深层次的抽象。它不仅能够识别出图像中的直观特征，如边缘和角点，还能够捕捉到更加抽象的概念，比如图像的风格、情绪和整体布局。

在降低了图像处理的训练难度后，接下来面临的问题是如何让模型将文字信息与图像内容相结合，让模型根据文字描述生成特定的图像内容。

在早期的扩散模型训练过程中并不存在"提示词"这个概念，它针对特定类别的图像进行训练，缺乏灵活性，一个生成猫的模型是无法生成其他图像的。

解决这个问题的方法是引入"条件化（Conditioning）"的概念。条件化可以理解为给模型提供一个额外的输入（在这里是文本信息），作为生成过程的指导。这种方法的关键在于如何将文字信息转化为模型可以理解并利用的形式，而 OpenAI 的对比语言 – 图像预训练模型（CLIP）在这方面提供了宝贵的经验，CLIP 通过大规模的图像和文本数据训练，学会了理解并联系视觉内容和自然语言描述。借鉴 CLIP 的工作可以将文本提示转化为高维空间中的向量，这个向量捕捉了文本的语义信息。

引入了条件化模块后，扩散模型就能将文本编码和图像生成过程相结合。文本提示首先通过类似 CLIP 的模型编码成向量，然后这个向量被用作生成一个条件输入，引导模型生成与文本描述相匹配的图像。这个过程可以被看作在模型的噪声预测器中加入一个额外的"导航仪"，指引模型沿着文本描述的方向前进。

经过处理后，扩散模型的灵活性大大提升，模型不再局限于生成单一类别的图像。根据广泛的文本提示，模型具有了生成多样化内容的能力，无论是人脸、风景，还是更加抽象的概念，只要有合适的文本描述，条件化的扩散模型都有可能将其转化为视觉图像。

4.2　由图片到视频

在拥有了从文字描述生成单一静态图像的能力之后，模型下一步便是理解连续图像序列之间的内在联系，也就是在动态场景中保持图像间的连贯性。

初期的模型在处理动态图像或视频帧时，常常会遇到上下两帧内容衔接不自然的问题。一种改进模型的方法是使其在生成每一帧图像时都能参考前一帧的内容，模型不仅需要从文字提示中提取生成图像所需的信息，还要能分析并理解前一帧图像中的视觉元素，以此为基础生成下一帧，这样每一帧都是在前一帧的视觉语境下产生的，从而保证了连续帧之间的自然过渡和逻辑连贯。

另一种方法是在两帧之间额外插入一些中间帧，以实现更平滑的过渡效果。插帧技术基于两帧图像的内容来生成中间的过渡帧，过渡帧在视觉上逐渐从一帧过渡到另一帧，使得动画或视频流更加流畅自然，这种插帧的方法在动画制作和电影后期处理中已经得到了广泛应用，而将其应用于扩散模型中则需要模型具备更高级的时序分析和图像处理能力。也就是说，模型不仅要处理单个图像的生成，还要理解图像序列中的动态变化，这需要对模型架构进行改进，比如引入能够处理序列数据的组件（如 RNN 或长短期记忆网络），这些组件可以帮助模型捕捉图像间的时序关联性。

但是，使用这些方法所获得的视频终究是不稳定的，早期的视频生成模型所制作的视频画面大都呈现出一种抽象与扭曲的效果，那么 Sora 是如何实现连续一分钟的稳定画面的呢？答案就在 OpenAI 所公开的技术报告的细节中。

4.2.1　数据，数据，还是数据

训练 Sora 的核心策略之一是获取并利用大量高质量的数据，而为了获得所必需的数据，OpenAI 选择了之前在训练 DALL·E 模型时的老办法 —— 数据

集重描述技术。

　　数据集重描述的作用不仅仅是增加数据量，更重要的是提升数据的质量和相关性。通过 DALL·E 3 自动生成的文字描述，每个视频帧都被赋予了准确且丰富的语义信息，文字描述不仅提供了关于场景的直接信息，比如场景中存在的对象和动作，还可能包含关于情绪、风格或其他更为抽象概念的线索。

　　在正式训练 Sora 之前，视频数据被传输给 DALL·E 3 来获得相应的描述文字，这一步骤实质上是建立一座连接视觉信息和语言信息的桥梁，使模型能够在训练过程中充分利用两者，这种跨模态的数据丰富了模型的输入，为模型提供了更为全面和深入的理解基础。

　　接下来与处理静态图像时相同，视频数据的原始大小更加庞大，为了有效地处理这些数据，需要使用潜空间压缩技术来对视频数据进行压缩处理，以此降低数据的维度，并智能地保留视频中的关键特征，确保压缩过程不会损失对视频理解和生成来说至关重要的信息。

　　潜空间压缩技术使每一帧视频都被转化成包含丰富信息的高维向量，这些向量捕捉了视频中的动态变化、视觉模式和可能的语义联系，为模型训练提供了丰富的信息。

　　在解决了视频数据的来源和压缩问题之后，OpenAI 采取了一种另类的方法来处理用于训练的视频数据。OpenAI 将原始视频数据拆分成若干个独立的小块，然后以一种新的排列方式重新组合这些小块，这些重组后的数据块被称为"Patch"。Patch 到现在还没有一个统一的译名，你可以将其理解为包，或者理解为数据块也没有问题。

　　Sora 推出之前，视频生成模型在训练之前所要做的第一件事情便是统一切割训练数据，也就是把视频数据统一裁剪为 256×256 的素材块，不仅如此，连视频时长也要统一裁剪为 4 秒，否则就无法对模型进行训练。这样做的弊端是显而易见的，不仅增加了模型训练的人力成本与时间成本，而且固定尺寸的裁剪也会丢失大量有价值的视觉信息（图 4-3）。

使用裁剪素材进行训练后所生
成的视频

使用Patch进行训练后所生成
的视频

图 4-3　使用不同分辨率训练的对比图

将视频素材拆分重组为 Patch 有两个好处：一是提高了采样的灵活性，包括可变的视频时间、分辨率与宽高比；二是提高了模型构图和取景的能力。

Patch 的引入赋予了 Sora 在视频采样方面极大的灵活性，使其既能够处理宽屏 1920×1080 格式的视频素材、垂直 1080×1920 格式的视频素材，也能够处理这两种规格之间各种尺寸和比例的视频，让 Sora 拥有了多样化的内容创作可能性（图 4-4）。

进一步说，采样的灵活性使内容开发人员能够为不同的平台和设备设计专门优化的视频内容，无论是为宽屏电视、传统的电脑显示器，还是为竖屏的智能手机和平板电脑。这种跨平台的兼容性，尤其是在当前多设备消费内容的时代极大地提高了模型的商业化潜力。

在全分辨率生成高质量内容之前，创作者能够在较低分辨率下提前预览原型化的视频内容，这就给了创作者快速迭代和测试他们的创意概念的空间，无须投入大量时间和资源进行高分辨率渲染，这一点对于缩短内容开发周期、优化创作流程以及在正式发布前测试不同创意是非常有帮助的。这些功能使得 Sora 成为一个高效和多用途的视频内容生成工具。

图 4-4　生成不同分辨率的视频

　　Sora 通过将视频拆解重组成独立的 Patch 完全摆脱了数据统一化这个累赘，从而更加灵活地利用各种分辨率和时长的视频素材。任意分辨率的视频素材都可以拆分成不同数量的 Patch 放入训练集中。

4.2.2　Patch 的生成方法

为了进一步提高训练效率，对于 Patch 的处理 OpenAI 采用了一种叫作"Patch n'Pack"的打包方式。

本质上，Patch n'Pack 技术可以灵活接纳来自不同源图像的图像块，并将它们打包成单一序列进行处理。这种方法不仅保留了图像的原始长宽比，而且实现了变分辨率训练。模型可以在广泛的图像大小分布上进行训练。在同一训练批次内同时接触更小和更大的图像可以显著提高模型的训练效率。这种方法有效地平衡了在较小图像上训练的吞吐量优势和利用较大图像的性能优势，对高分辨率评估场景来说是非常有价值的。

通过 Patch n'Pack，我们可以将多个独立 Patch 拼接在一起，在这个过程中还会对 Patch 进行比对，将其中相似的 Patch 剔除掉，进一步对数据进行压缩。经过数轮的拼接与筛选之后，我们就得到了用于训练的 Patch。

OpenAI 在 Patch 基础上又加入了时间这个维度，所以新的 Patch 又拥有了一个新的名字——时空数据块（Spacetime Patch），见图 4-5。

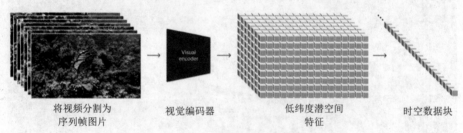

将视频分割为　　　视觉编码器　　　低纬度潜空间　　　时空数据块
序列帧图片　　　　　　　　　　　　特征

图 4-5　Sora 切割训练视频的过程

由于多了一个维度，Sora 在切割数据块时相应地也会发生一些改变。之前的 Patch 面向的主要是图像生成模型，所以在拆分时它是以单张图片作为基本单位进行拆分的，见图 4-6。

图 4-6　**图片切割** Patch

　　而 Sora 的拆解是这样的：把视频拆分成序列帧之后，把序列帧按照顺序叠成一摞，然后像切豆腐一样，每一刀都切到底，最后把序列帧分解为一摞一摞的数据块（图 4-7）。

图 4-7　Sora **切割** Patch

　　有了厚度的数据块便具有了时间属性（图 4-8）。

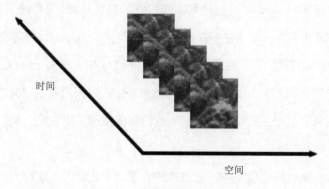

图 4-8　**加入时间维度的** Patch

在完成切分之后，每一摞数据块会按照帧的时间顺序排列好，然后从第一帧的单幅数据块开始，把每一个像素点全部转换为代表颜色的数字，这样每一帧都会被转化为一串数字，我们把一帧内的数据按照横行的方式进行摆放。而不同帧之间我们按照竖列摆放加以区分，这样我们就把多维的视频数据转换成了二维数据。

进一步，我们把每一行的信息进行一次压缩，最终就得到了按照时间顺序排列的一维数据，过程见图 4-9。

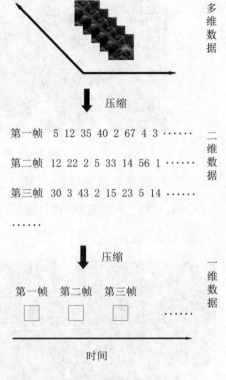

图 4-9　数据的压缩过程

4.3　Attention Is All You Need

除了能够拓展 Sora 处理视频数据的边界，使用 Patch 也带来了其他好处。Sora 最大的提升点之一在于它将视频生成拓展到了 Transformer 的框架之下。

Transformer 模型是一种革命性的神经网络架构，它在自然语言处理领域中取得了巨大的成功。这个模型最初由 Google 的研究者在 2017 年的论文 "Attention Is All You Need" 中提出。它的核心思想是使用注意力机制来处理序列数据，如文本或语音。

在传统的序列处理模型中，信息是按顺序逐个处理的，这种方式虽然能够捕捉序列中的时间关系，但它有两个主要的缺点：一是计算效率低，因为无法并行处理；二是难以捕捉长距离依赖，即序列中相隔很远的元素之间的关系。

Transformer 模型通过注意力机制打破了这些限制。注意力机制允许模型同时关注序列中的所有元素，并根据任务的需要动态地调整每个元素的重要性。这使得 Transformer 能够高效地并行处理数据，并更好地理解长距离依赖。

Transformer 包括两个主要部分：编码器（Encoder）和解码器（Decoder）。编码器负责处理输入序列，解码器负责生成输出序列。在机器翻译任务中，编码器处理源语言文本，而解码器生成目标语言文本。

编码器和解码器都由多个相同的层堆叠而成，每一层都包含两个核心组件：多头注意力（Multi-Head Attention）和前馈神经网络（Feed-Forward Neural Network）。多头注意力机制可以让模型从不同的角度学习数据的特征，而前馈神经网络对这些特征进行进一步的处理。

在多头注意力机制中，输入序列被转换为三个不同的表示：查询（Query）、键（Key）和值（Value）。这些表示用于计算注意力权重，这些权重决定了在生成每个输出元素时，输入序列的哪些部分应该被赋予更多的重视。多头注意力机制大大加强了 Sora 提取重点的能力。

Transformer 模型的另一个关键特性是位置编码（Positional Encoding）。由于模型本身不像 RNN 那样处理序列，因此需要一种方法来保留序列中元素的位置信息。位置编码通过向输入元素的表示中添加额外的信息来实现这一点，从而使模型能够理解单词的顺序。

在 Transformer 框架下，Sora 不仅可以记住视频之前的内容，也能够更好地推断之后的视频内容。虽然 Patch 中视频信息的空间位置与时间位置全都被打乱了，但是 Patch 被输入之前会被提前打上位置编码，这样在 Transformer 的帮助下 Sora 依旧可以记住它们原本的空间位置以及时间位置，从而可以轻松地计算帧与帧之间的关联性以及当前帧内物体间的物理关系与时间关系。这就是 Sora 能够长时间保持图像连贯性的关键所在。

4.4 Sora 视频生成全过程

4.4.1 视频生成的推理过程

在了解了 Sora 的技术原理之后，在这一章的开始我们用实际的例子来复现 Sora 完整的视频生成推理过程。

1. 输入提示词

这一步无须过多介绍，作为视频生成的第一步，我们需要先构思所需的视频大致是什么样子，再把想法汇聚成提示词输入 Sora。比如下面这个提示词。

> 一只有着白色和橙色斑驳毛色的流浪猫在大雨中穿越后街小巷，寻找庇护所。（A white and orange tabby alley cat is seen darting across a back street alley in a heavy rain, looking for shelter.）

2. 提示词转换

在我们将提示词输入 Sora 之后，模型会加入一个中间步骤，就是将提示词转换为标准的视频描述用语。

在前面的内容中我们讲过，Sora 所生成视频内容的丰富程度会超过我们对它的要求，原因之一就在这一步——Sora 会对提交的提示词动一些手脚，将提示词进行标准化和扩写。

比如，上面例子中的提示词，Sora 会将其改写为下面的描述语：

> 在倾盆大雨中，一个生动的场景展开：一只白色和橙色相间的斑纹流浪猫，在紧迫的时刻被捕捉到。这只猫以迅速而敏捷的动作，穿越狭窄后街小巷的湿滑鹅卵石，其毛发被无情的雨水打湿。它移动时，爪下溅起水花，眼中透露出小心与绝望的混合情绪，四处搜寻一个干燥的避难所以逃离这场暴雨。背景是被雨水浸湿的建筑和滴水的小巷杂物的模糊轮廓，凸显出这只猫

在恶劣天气中孤独寻找庇护所的图景。（A vivid scene unfolds under a torrential downpour where a white and orange tabby cat, marked with the distinct patterns of an alley dweller, is captured in a moment of urgency. The cat dashes with swift, agile movements across the wet cobblestones of a narrow back street alley, its fur drenched by the relentless rain. Water splashes under its paws as it moves, its eyes scanning the surroundings with a mix of caution and desperation, in search of a dry haven to escape the deluge. The background is a blur of rain-soaked buildings and dripping alleyway detritus, highlighting the cat's solitary quest for shelter against the elements.）

在 ChatGPT 和 DALL·E 与用户的交互中，OpenAI 发现了一件事情，那就是人们并不能很好地描述自己想要的东西。这件事情非常好理解，使用大模型的人来自各行各业，并不是所有人都能够熟练地掌握精确编写提示词这项能力。

在大模型最初面世的时候，提示词编写是一个非常专业的工作，需要深厚的语言理解能力以及丰富的模型训练领域的知识。

像 GPT-2 这样的早期的大模型尽管已经展现出处理复杂语言任务的潜力，但在实际应用中还需要精心设计的提示词来引导其生成预期的输出。这些提示词不仅要准确无误地表达用户的意图，还要考虑模型的内部工作机制，以及如何有效地激发模型的潜能。

大模型是基于统计学习，通过大量数据训练得到的，它们并没有真正地"理解"语言，而是学会了预测在给定上下文中哪些词语更有可能出现。所以，提示词需要非常精确地表达意图，以便模型能够在其训练数据中找到相应的模式进行响应。

人们所使用的自然语言充满了歧义、隐喻、俚语等，这些都可能导致模型解读错误，同一个词或短语在不同的上下文中可能有完全不同的含义，编写有效的提示词需要仔细考虑语言的这些特点，以及模型可能如何解释这些表达。

OpenAI 再三考虑之后，为每个大模型加入了一个前置工具，用来将简易的输入文字扩展为更加标准、更加丰富、更加精确的提示词。

3. 生成时空数据块

接下来介绍扩散模型的标准生成流程。

首先 Sora 会随机生成一些噪点，这些噪点没有任何特定的结构或意义，只是服从某一概率分布，然后模型利用预先训练好的网络清除噪点以恢复有意义的结构。

清除噪点的过程本质上是一个逐步的反向扩散过程，这与物理中扩散过程的方向正好相反。在物理学中扩散描述的是物质从高浓度区域向低浓度区域的自然移动，但是在这里，我们通过逆向操作逐步构建出低熵（更有序、更少随机性）的状态。每一层噪点的清除都会使图像更接近最终目标，从完全的随机状态逐步过渡到具有高度结构和意义的状态，经过反复迭代，网络会逐渐减少图像中的噪点，并填充具有特定纹理、颜色和形状的区域，从而使图像逐步清晰。

在多次迭代后，原始的随机噪点会被逐步转化为清晰的图像，也就是视频数据中的一个时空数据块。在这个过程中，模型主要开展的是从无到有、从 0 到 1 的工作，见图 4-10。

图 4-10　原始时空数据块

4. 拓展推理

生成了初始时空数据块之后，模型会根据已有的时空数据块推测下一个时空数据块，从而在相邻位置生成连续的 Patch。

模型会分析目前生成的时空数据块中的模式、结构和其他相关信息，比如色彩、形状、边缘和纹理等，然后根据它对已生成时空数据块的理解预测接下来最可能出现的时空数据块，过程类似于人类在阅读故事时根据已知的情节去猜测故事的下一转折。模型在这一步骤中使用的是一种基于概率的方法，即它会考虑所有可能的下一个时空数据块，并给出每个可能性的概率评估。它会选择概率最高的时空数据块作为下一个时空数据块，或者基于这些概率分布进行采样来决定下一个时空数据块。

这个过程并不是单纯的复制或简单的推断，而是一个复杂的创造过程。模型需要充分利用其学习到的规律和模式，同时要考虑生成内容的连贯性和逻辑性。为了做到这一点，模型内部的算法会进行大量的计算，比较各种可能的选项，并预测每个选项接下来的发展方向。每当模型生成一个新的时空数据块，它就会将这个新生成的部分作为已生成内容的一部分，然后再次进行预测，进行下一个时空数据块的生成。如此反复迭代，模型就能逐步构建出完整的内容（图 4-11）。

图 4-11　拓展中的时空数据块

Sora 通过 Transformer 架构控制整个生成流程，对于相邻 Patch 的创建需要依赖 Transformer 处理序列数据和记忆长距离依赖信息的能力。

5. 解码还原

完成时空数据块之后，通过解码器将时空数据块重新还原成序列帧。

如何判断这些时空数据块的具体位置呢？其实在进行模型训练的时候，每一个被打碎的小块都会包含写有它具体位置的一串数字，这串数字就是位置编码，有了位置编码 Sora 就知道这一块时空数据块到底摆在哪里。

生成视频时也是同样的道理，Sora 会给每一块生成的时空数据块写上位置编码，就像被贴上标签的积木块一样，模型按照位置信息把时空数据块一块一块地摆好后就能还原出整个图像（图 4-12）。

图 4-12　由时空数据块还原出序列帧

6. 拼接视频

在所有的序列帧都生成完毕后，剩下的工作就简单了，按照设定的帧率将所有的序列帧按照顺序排列组合，就生成了完整的视频，见图 4-13。

图 4-13　还原后的完整视频

4.4.2　魔术揭秘

至此，我们已经比较完整地了解了 Sora，现在魔术师的手法与道具都已经陈列在了面前，那么就让我们回过头，看看曾经那些神秘的魔术究竟隐藏着哪些机关。

在演示 Sora 对视频的前后延伸推理时，我们举过这样一个例子，见图 4-14。

图 4-14　同一终点的三个视频

视频的开始是三辆观光缆车不同的起始姿态，但在视频的最后这三个画面全部汇聚到了同一个结局，分毫不差。

实现这个效果的原理图见图 4-15。

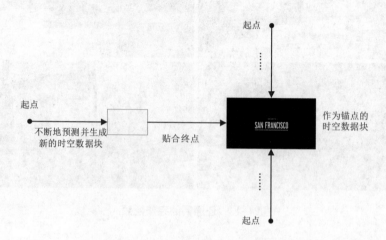

图 4-15 同一终点视频的实现原理图

我们将视频的结尾部分看作一段独立的视频，将结尾视频的第一帧作为锚点，将其设置为视频生成的终点。

随后把锚点交给模型，让其以锚点为终点，生成一段固定时长的视频。由于使用了 Transformer 架构，视频生成不再按部就班地从第一帧开始生成，整个视频在模型眼中是一个非常立体的三维模型，只不过第三个维度变成了时间。

这就好比我们手里拿着一摞码放整齐的照片，单张照片的那个平面代表空间上的两个维度，而这些照片的厚度代表时间维度的轴。只要我们在厚度这条轴上快速地翻播照片，就形成了视频。

Transformer 也是相近的道理，视频在它的眼中就是这一摞有厚度的照片，它所有的操作都直接针对这一摞照片，所以锚点无论设置在哪里，最后视频都会具有很好的逻辑性。

将这个过程重复三次之后，我们就得到了三段同尾不同头的视频。

下面这段骑行的视频的制作也基于同样的原理（图 4-16）。

图 4-16　**循环山路**

图 4-14 所示的视频生成以一帧作为锚点，图 4-16 所示的这个不停循环的视频只需要使用同一帧作为起始与结束时的锚点，生成的视频自然就能不停地循环。

把这一帧画面交给 Sora，让它从这里出发，到这里结束，Transformer 便可以轻而易举地完成这个魔术（图 4-17）。

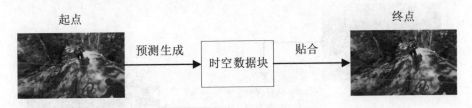

图 4-17　**循环视频的原理**

接下来我们看点不一样的花招。

在赛车的视频中，更改一些指令，画面不同的元素就会产生变化，要做到这一点，就要请出时空数据块了。

时空数据块的切割方法可以将训练数据集中所有的元素分割得十分精细，

模型也就学会了精确分类元素的能力。

模型在收到指令之后会判断时空数据块中哪些特征需要被保留,哪些特征需要被剔除。剔除某些特征后,模型会根据保留的特征以及指令所加入的新特征重新计算,进而生成新的画面(图4-18)。

图4-19所示的这个融合视频基于相近的原理,只不过在逻辑判断上要比风格变换复杂一些。

融合视频同样要分析时空数据块中特征的去留问题,但是在判断过程中模型还要考虑原视频之间的逻辑关联。比如,在这个视频中,Sora经过分析发现数据块一中的河流与数据块二存在一定的逻辑联系,于是便用数据块二的元素替代了数据块一中的河流,结合之后就产成了最终的视频效果。

图4-18 变换视频风格的原理

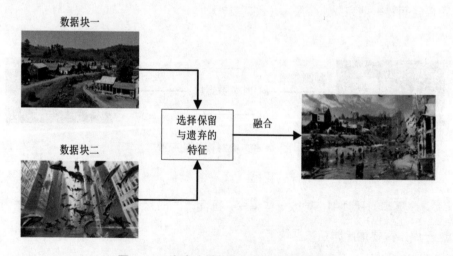

图4-19 淘金小镇与大鱼都市的融合原理

4.5　Sora 的不足

虽然通过扩散模型与 Transformer 模型的结合，Sora 将视频生成技术带到了一个前所未有的高度，但模型不可避免地存在着一些物理性质上的瑕疵，这些瑕疵有一些源于对现实世界物理规则理解上的不足，还有一些是生成模型自打"出生"就自带的弱点。

从图 4-20 所示的这段视频中，我们就能看出 Sora 对现实的理解还是存在缺陷的。提示词如下。

> 逐帧打印拍摄的一个人奔跑的场景，胶片以 35 毫米规格摄制。（Step-printing scene of a person running, cinematic film shot in 35mm.）

Sora 知道跑步机，也知道跑步机是用来让人跑步的，但是它却弄反了跑步机的运转方向，视频中人物在朝着反方向奔跑。

除此之外，人物的跑动姿态也是

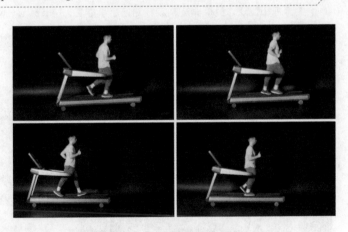

图 4-20　跑步机上的男人

有问题的，像左上第一幅画面中，人物的跑步成了"顺拐"，所以 Sora 对人类跑步时胳膊的甩动与步伐之间的联系也有着不完整的理解。

物理可信度是任何运动模拟的基础，如果 Sora 生成的运动在物理上不可信，比如运动轨迹不自然、速度与步伐不协调，或者动作之间的过渡不流畅，

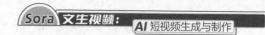

观众会立刻感觉到不和谐。

　　这段视频透露出一个信息，那就是 Sora 对物理规则的理解比较表面，这一点结合前面所讲述的 Sora 生成视频的原理是比较好理解的。Sora 所学习的内容全部来自视频，它所理解的规则全部是"看"到的规则，是查看海量的视频数据后总结出的规则，也就是说 Sora 对规则的学习缺少系统性、理论性的总结。

　　什么是系统性、理论性的总结呢？就像我们课本中的知识那样，是高度抽象的理论总结，比如从物理规则中抽离出来的物理定律，从物理世界抽象出来的数学公式、数学定理。这些知识是人类花费数千年不断完善与发展的理论体系，而这些高度浓缩的知识是 Sora 所不具备的。

　　下面我们来看第二段视频（图 4-21）。提示词如下。

　　　　五只灰狼幼崽在一条偏僻的碎石路上嬉戏追逐。幼崽们在草地围绕的路上奔跑和跳跃，互相追逐，咬着对方，玩耍着。（Five gray wolf pups frolicking and chasing each other around a remote gravel road, surrounded by grass. The pups run and leap, chasing each other, and nipping at each other, playing.）

图 4-21　灰狼幼崽

　　图 4-21 所示的这段视频中小狼崽会突然消失或者出现，而在互相打闹时

还会穿过彼此的身体。

　　这段视频的问题其实是早期 Sora 在算力与训练量不足的情况下所出现的问题。在前一个例子中我们说过，Sora 对物理规则的理解并不是来自对理论的理解，而是在图像训练的过程中通过大量的"看"获得的。

　　现在，Sora 似乎已经解决了这方面的问题，所生成的视频中已经很难见到这样的问题，比如下面这个视频，同样是小动物之间的打闹，但是效果已经非常逼真了（图 4-22）。

图 4-22　雪地中玩耍的小狗

　　提升算力与训练量给模型带来的提升是非常显著的，这与人类的学习过程有着本质的区别。

　　人类的学习过程是基于理论的，先从归纳性的理论学起，再从理论向四周发散，用理论对比现实的表现来印证理论，从而获得知识。Sora 却是反过来的，在一开始的时候白纸一张，直接从看开始，从我们难以估量的数据观察中总结出规律。

　　图 4-23 所示的这段视频与上面例子中所出现的错误是有一定相似性的。提示词如下。

篮球穿过篮圈后爆炸。（Basketball through hoop then explodes.）

图 4-23　爆炸的篮球

　　在一开始的时候并没有问题，但是篮球在穿过篮筐后又直接穿越了篮网，而此时空中又凭空出现了第二个篮球，这个篮球碰撞到篮圈上时并没有反弹回来，而是直接穿了过去。

　　这一点让人非常迷惑。在不同的视频中，Sora 所表现出来的对物理规则的理解能力不尽相同，表现优异的时候让人不辨真假，但是出差错的时候往往又非常离谱。如果说小狼崽视频中的错漏是由算力不足导致的，那么这个视频所表现出来的则是另一种模型缺陷。

　　人类对规则的理解是具有拓展性的，当看到两个球体互相碰撞进而弹开的时候，我们能将这种物体之间无法互相穿过的体验推广至其他一切物体。但是，模型是不行的，看到两个球相撞然后弹开，它只认为这两个球无法穿透，遇到两个长方体时，模型只能重新学习。

　　这种无法从理论根源学习规则的缺陷会让模型的训练量变得巨大，也只有从根源处想办法才有可能真正解决。

图 4-24 所示的视频中几位考古学家正在挖掘，从土坑中他们挖出了一片塑料薄板，然后这个塑料薄板莫名其妙地变成了一把椅子，并且这把椅子能在空中飘浮。提示词如下。

> 考古学家在沙漠中发现了一把普通的塑料椅，他们小心翼翼地挖掘并清扫它。（Archeologists discover a generic plastic chair in the desert, excavating and dusting it with great care.）

图 4-24 挖掘出一把椅子

很显然，Sora 理解错了椅子的材质，这就导致了后续各种物理交互的错误。它并没有理解椅子应该是固体的，它的形态不能随意地改变，更不能像气球一样飘浮在空中。

像这样的错误是比较难分析成因的，在第 2 章中我们已经见识过 Sora 对材质的理解到达了一种怎样的地步，但是就像在这个视频中一样，在某些时候 Sora 又理解不了真实的物理规则。

图 4-25 所示的这段视频的创作者给予了一段比较复杂的提示词，大体来看视频没有太多问题，其中最大的纰漏是 Sora 对"吹蜡烛"这一人类社会的特

定风俗的不理解。提示词如下。

> 　　一位梳着整齐灰白头发的老奶奶站在餐桌后，面前摆放着一个点缀着众多蜡烛的五彩生日蛋糕。她的表情洋溢着纯粹的欢乐与幸福，眼中闪烁着幸福的光芒。她俯身用一口轻柔的气息吹向了蜡烛，蛋糕上覆盖着粉色的糖霜和彩色的糖粒，蜡烛也随之熄灭。老奶奶身穿一件印有花朵图案的淡蓝色衬衫，桌边可以模糊地看到几位欢笑的亲友正在庆祝。这一场景被美轮美奂地捕捉下来，以电影般的手法呈现了老奶奶和餐厅的 3/4 视图。温暖的色调和柔和的灯光增强了画面的氛围感。（A grandmother with neatly combed grey hair stands behind a colorful birthday cake with numerous candles at a wood dining room table, expression is one of pure joy and happiness, with a happy glow in her eyes. She leans forward and blows out the candles with a gentle puff, the cake has pink frosting and sprinkles and the candles cease to flicker. The grandmother wears a light blue blouse adorned with floral patterns, several happy friends and family sitting at the table can be seen celebrating, out of focus. The scene is beautifully captured, cinematic, showing a 3/4 view of the grandmother and the dining room. Warm color tones and soft lighting enhance the mood.）

图 4-25　给老奶奶过生日

模拟物体间的复杂互动以及多个角色之间的交互对模型来说往往是一个比较大的难题，有时会产生滑稽的效果。我们把这段视频简单拆分一下，可以拆分成两组互动，一是周围的亲属与老奶奶之间的互动，二是老奶奶与蛋糕蜡烛之间的互动。

这两种互动梳理起来很简单，但是实际上有着很大的复杂度。虽然我们把亲属与老奶奶的互动归为一组，但其实其中的每个人的互动都是独立的，并且最后要把这些互相独立的互动串联为一个整体，这对于模型来说其实是运算量很大的一个工程。

这几方面的原因综合起来就导致了这个视频所出现的错误。

文字的表现与识别一直是图像生成模型与视频生成模型的难点之一，就连强大的 Sora 也不例外。图 4-26 所示的两段视频中的"鬼画符"只是在形状上类似我们熟知的文字，但终究没有任何意义。

模型在生成图像时，依靠的是一种概率上的预测与分布，也就是说生成的图像充满了不确定性。虽然 Sora 通过 Transformer 模型大大优化了一致性的问题，但是从根源上 Sora 依然是根据概率生成图像的，在原理上与其他模型并无本质区别。

问题就出在这种随机性上，不同于具有较大自由度的图像生成，文字是对精确度要求很高的一种图样，结构上的一点小小的改变就会导致字不再是字了。根据视频中文字的形状，模型确实想要生成对应的文字，但就是这种不确定性使得最终生成了充满随机性的"文字"。

ChatGPT 认识文字这件事情其实也是"错觉"。在前面的章节我们曾介绍过，机器唯一认识的就是"1"和"0"两个数字，其他一切内容都是建立在翻译之上的，文字当然也不例外。

文字在计算机中是以编码的形式存在的，所谓编码就是一串二进制数字，外加一套解释这串数字的规则。最早的编码系统之一是美国信息交换标准代码（ASCII），这套系统使用 7 位二进制数来表示 128 个不同的字符，包括英

图 4-26　视频中的文字错误

文大小写字母、数字和一些特殊符号，比如大写字母"A"的 ASCII 编码是 65，二进制表示为 01000001。怎么得出的 128 呢？二进制数的每一位只有"0"和"1"两种状态，那么 7 位二进制数所能表示的范围就是 2^7，也就是 128 种。

英文字符的数量是很少的，所以 128 的范围是完全足够的，但是对于中文这就不够用了，仅中文的常用汉字就有 2 万多个，所以为了兼容中文，后面就出现了《信息交换用汉字编码字符集　基本集》（GB/T 2312—1980）。

GB/T 2312—1980 是最早的中文编码标准，使用两个字节，也就是 16 位二进制数字表示一个字符，能够编码 6763 个汉字和 682 个其他符号。《汉字内码扩展规范》（GBK）对 GB/T 2312—1980 进行了扩展，增加了更多汉字和符号，总共可以表示 21000 多个字符。而现在通用的国际标准是统一码（Unicode），它出现的目的是为世界上所有的字符提供一个唯一的编号，当然中文字符在 Unicode 中也有对应的编码。但无论怎么改变，在计算机中文字始终都是一串数字。

现如今的大模型在认识图像与认识文字之间还是存在着藩篱的，理解文字的理解不了图像，理解图像的理解不了文字，这就使得 Sora、DALL·E 这些模型更加难以生成具有实际意义的文字。

这个问题需要依靠今后对模态的真正统一来解决。

第 5 章　Sora 的商业化应用前景

Sora 的出现注定 AI 领域面临新的风口，就像 ChatGPT 的横空出世，Sora 所拥有的强大能力让各行各业陷入深思——Sora 能为行业带来什么？

下面我们结合不同领域的专业需求解析 Sora 大模型的商业化应用前景。

5

5.1 娱乐和多媒体产业

5.1.1 影视行业

视频生成大模型的性质决定了最先受到冲击的行业必然是娱乐产业和多媒体产业，但是想要 Sora 全面替代传统的影视制作方式是不现实的。目前，比较适合 Sora 的角色是行业技术的"拓宽者"，比如一些花费较大或者危险的拍摄场景可以利用 Sora 的生成技术来完成，从而降低拍摄风险以及控制拍摄成本。

拍摄电影是一件花销很大的事情，演员的报酬、器材的费用、场地的租用与搭建费用、电影宣传与发行的费用等都需要一大笔钱，其中以计算机动画（CG）制作花销最大。

CG 是一个高度专业化的领域，需要大量的专业人员，包括 3D 模型师、纹理艺术家、动画师、灯光技术师、特效专家等，这些人员需要经过长时间的培训和实践才能掌握所需的技能，因此特效团队的人力成本在 CG 制作花销中占据了很大一部分。

CG 制作所需的软件和硬件设备同样价格不菲。电影制作中使用的 3D 建模和渲染软件比如 Maya、3ds Max 或 Houdini，都是行业出色的工具，能够创造出逼真的场景和复杂的动画效果。技术的先进性意味着高昂的成本，这些软件的软件许可费用可能高达数万元，与电影的整体制作成本相比可能不高，但这仅是一台电脑上一套软件的许可费用，当多台电脑多人协作时，就变成了一大笔开销。为了保持技术领先，制作公司还需要为这些软件购买定期的更新和维护服务。

　　除了基本的购买成本，许多高端软件还采用订阅模式，这意味着制作公司需要定期支付费用以保持软件的使用权。随着项目的进行，这些费用会累积成一笔巨大的开支。

　　在硬件方面，CG 图像的渲染是一个计算密集型过程，尤其是在电影制作中，渲染的标准极高，要求图像达到较高的逼真度。渲染是按帧进行的，一部电影可能包含数十万甚至数百万帧，每一帧的渲染都需要巨大的计算资源。所以，电影制作对高性能的计算机硬件是极度依赖的，包括拥有高速 CPU 和大量 RAM 的工作站，以及专门为图形处理设计的高端 GPU。

　　这些硬件设备同样非常昂贵，一台高端的图形工作站的成本可能高达数千乃至数万元。一部大制作的电影可能需要使用数十台乃至上百台这样的工作站。大规模的 CG 渲染工作通常还需要使用渲染农场，渲染农场是由数百台高性能计算机组成的网络，能够并行处理大量的渲染任务，进一步加速制作进程。

　　随着 CG 技术的不断进步，新的软件和硬件设备不断被推向市场，旧的设备和软件很快就会被淘汰。为了保持竞争力，制作公司必须定期投资新的技术，这不仅包括购买新的软件和硬件，还包括对现有员工进行培训，使他们掌握最新的技术和工具，这同样需要大量的财力投入。

　　CG 制作的时间成本也是很高的，从构思、建模到渲染完成，每一步都需要大量的时间，尤其是在追求极致细节和真实感的制作中，一个小小的场景可能就需要数周甚至数月的时间来完成。

　　Sora 的出现给了影视行业一个更为廉价的选择，我们在第 2 章中已经见识过 Sora 对视频清晰度以及细节的把控能力，电影 CG 制作中的一部分工作完全可以交给 Sora 来完成。

　　这并不是说让 Sora 代替 CG 技术，客观地说，现阶段的 Sora 在很多方面不如 CG 技术，但是有一些场景完全可以让 Sora 生成——借助 Patch 技术，我们可以将电影画面分区块地分割开，其中需要极高清晰度与流畅度的"大场面"就交给渲染农场，而相对模糊且要求不高的场景可以使用 Sora 的生成结果进行填补。

当然，随着 Sora 能力的逐步提升，使用 Sora 独立制作电影的那一天肯定会到来，而且这一天不会太遥远（图 5-1）。

图 5-1　Shy Kids 使用 Sora 制作的微电影 *Air Head*

5.1.2　游戏行业

游戏行业对 CG 技术的依赖并不比影视行业少，所以，同样的方法在游戏行业也具有可行性，除此之外，游戏行业还存在一些独特的行业属性。

即时演算技术，也被称为实时渲染技术，它的作用是在游戏运行过程中生成动画效果。实时渲染动画与 CG 动画不同，CG 是提前渲染的，也就是说游戏还处于开发阶段的时候 CG 动画就已经被制作完毕。而实时渲染动画是在玩家进行游戏时即时计算和生成的，游戏的画面不是事先录制好的视频，而是根据玩家的操作和游戏内发生的事件实时生成的。

实时渲染技术的核心在于它的"实时"特性，游戏中的场景、角色、光影效果等都是在玩家玩游戏的同时计算出来的，这使得每个玩家的游戏体验都是独一无二的，因为游戏画面会根据每个人的操作和选择有所不同。当玩家在游戏中移动角色时，光源的位置、角色的阴影甚至周围环境的细节都会根据角色的位置实时变化。

实时渲染技术的另一个优点是它能够提供更高的交互性。在 CG 动画中，一切都是预先设定好的，玩家无法影响动画的展现。而在实时渲染的游戏中，玩家的选择和行为可以直接影响游戏世界，包括剧情的发展、角色的外观和动作等，这就使得游戏更加具有沉浸性和个性化。

说完了优点，我们再说说实时渲染技术的缺点，以及 Sora 能做些什么。

第一，实时渲染技术对硬件配置要求较高。因为游戏需要在运行时进行大量的计算来生成画面，所以需要强大的处理器和显卡来保证游戏的流畅性和视觉效果。

第二，实时渲染动画存在电影感差的问题。实时渲染虽然解决了 CG 对于游戏来说过于死板的问题，但又造成了另一种死板：虽然实时渲染动画的场景、交互、角色都是动态的，但是它的对话、过程、分镜又是完全固定的，而且实时渲染动画在质量上要比 CG 动画差很多。

实时渲染技术的这些问题在一定程度上都可以被 Sora 解决。在过场动画方面，我们可以把角色、场景、物品以及 CG 动画提前交给 Sora，在游戏过程中根据玩家的选择生成具体的提示词，最后将这些提示词在后台输入 Sora。这样在本来实时渲染动画的位置上，我们就能看到一段电影级别的动画场面，而将动画生成交给 Sora 也能大大降低渲染对机器性能的要求。

5.2 教育领域

5.2.1 创造教学视频

由于 Sora 生成的视频具有很高的拟真度，教师和内容创作者可借此生成各类教学视频，如复杂科学实验、历史事件重现、数学概念可视化等来提升教学效率和学习体验。

在科学教学中，Sora 的应用可以使抽象的科学理论和复杂的实验过程通过生动的视频内容展现给学生，使学生在视觉和听觉上获得直观的学习体验。比如，使用 Sora 生成的视频，可以展示化学反应的微观过程、生物细胞的分裂过程、物理实验的动态变化等，使这些原本难以直观展示的内容得以清晰呈现。

在历史教学中，Sora 可以重现历史事件、人物和场景，让学生仿佛置身于历史现场。通过文本输入，Sora 能够根据历史资料和描述，生成历史事件的视频，如古代文明的日常生活、重大历史事件的场景等，增强学生对历史的兴趣和理解。

在数学教学中，Sora 可以帮助学生直观理解抽象的数学概念和公式。通过动态视频，复杂的数学理论如几何图形的变换、函数的图象、概率论中的随机事件等都可以被直观展示，帮助学生形成直观的数学认知，提高数学学习的效率和兴趣。

Sora 在教育培训和继续教育中也有广泛的应用前景。对于需要不断更新知识和技能的成人学习者，Sora 可以快速生成最新的行业知识和技能培训视频，帮助学习者及时获取最新信息和知识，提高学习效率。

5.2.2　定制内容和互动学习体验

在教育领域，Sora 最好的搭档是 ChatGPT 与 DALL · E，假如能将这三者结合成一个多功能大模型，那势必会带来非凡的互动体验。

假如存在这样一个大模型，那么教育机构就能够根据学生的具体需求和偏好设计并生成适合每个学生的教学视频，实现教育内容的高度个性化。同时，大模型能创造出互动式学习视频，通过增加选择分支、问题解答等互动元素，提升学生的学习主动性和参与度。

在个性化学习方面，大模型可以分析每个学生的具体需求，根据学生的学习进度、理解能力和兴趣点，生成不同难度、不同领域甚至不同教学风格的教学视频。这种个性化的教学内容不仅能够满足学生的个性化学习需求，还能够有效提升学生的学习效率和成果。对于教育机构而言，Sora 技术的引入意味着能够为广大学生提供更加精准和高效的教学服务，从而提高教育质量和竞争力。

在互动学习体验方面，大模型的应用可以开创一种新型的学习模式，在学习视频中加入互动元素，如选择题、模拟实验、分支故事等，学生可以根据自己的判断和兴趣选择不同的学习路径。这种互动性不仅能够提升学习的趣味性，还能够加深学生对学习内容的理解和记忆。这种互动式学习能够培养学生的主动学习能力和问题解决能力，为学生的终身学习和未来职业发展打下坚实的基础。

在商业化应用中，大模型还可以为教育机构提供强大的数据分析和学习反馈功能。通过对学生在学习过程中的选择和互动进行追踪和分析，Sora 可以帮助教师和教育机构更好地理解学生的学习行为和偏好，从而进一步优化教学内容和教学方法。这些数据还可以用于个性化学习路径的自动调整和优化，使得学习体验更加贴合学生的实际需求。

大模型技术的应用还可以促进教育内容的共创和分享，教师、学生乃至家长都可以参与教学内容的创造和优化过程，形成一个开放、协作、共享的教育生态。这不仅能够丰富教学资源，还能够促进教育社区的交流和发展。

5.3 广告和营销

作为受冲击较大的行业之一，如果说影视行业只是被局部取代，那么广告业可以说是被 Sora 入侵最彻底的一个行业。

Sora 技术能够根据文本描述生成连贯、逼真的视频内容，品牌可以利用 Sora 快速生成针对特定用户群体的营销视频，实现精准营销和个性化推广，增强用户体验和转化率。例如，一个运动鞋品牌可以通过 Sora 生成一系列展示产品特点的动态广告，吸引目标消费者的注意力。

Sora 的出现为品牌提供了降低内容创作成本和时间成本的可能性，同时提高了广告的创意和个性化水平。这意味着品牌可以用更少的资金、时间、人力制作出数量更多的视频内容用于营销。Sora 作为创作类工具可以大大降低试错成本，帮助品牌实现降本增效。

Sora 技术使定制化广告内容的创作变得简单高效。传统的广告创作往往需要大量的时间、资金和人力资源，而 Sora 可以通过自动化生成视频内容，大大地减少了这些成本。品牌可以根据目标市场的具体需求，快速生成反映消费者偏好和兴趣的视频内容，实现精准营销。例如，针对不同的文化背景和地域特色，Sora 可以生成符合当地消费者审美和习惯的广告视频，提高广告的针对性和吸引力。

通过智能算法，Sora 可以生成创意无限的视频内容，为品牌营销提供了无限的可能。品牌可以利用 Sora 生成的独特广告内容，与消费者建立更强的情感联系，增强品牌形象和市场竞争力。这种创意的提升，不仅能吸引消费者的注意力，还能激发消费者的分享和传播，扩大广告的影响范围。

Sora 技术还能够提供个性化的用户体验，增强用户的参与感和满意度。通过分析用户的行为和偏好，Sora 可以生成符合个人兴趣和需求的广告视频，实现一对一的营销推广。这种个性化的推广方式，不仅可以提高广告的转化率，还可以提升用户的忠诚度。在竞争激烈的市场环境中，个性化营销已成为品牌吸引和留住用户的重要手段。

在社交媒体和内容营销的背景下，Sora 技术的应用还能够帮助品牌在短时间内生成大量的内容，满足社交媒体快速迭代和高频次发布的需求。这种能力对于提升品牌在社交媒体上的活跃度和可见度至关重要。通过 Sora 生成的多样化和高质量的视频内容，品牌可以更有效地吸引社交媒体用户的注意力，提高用户参与度和品牌认知度。

5.4　模拟和培训

5.4.1　航空和医疗行业的复杂模拟

这两个领域的特点是高度复杂和技术密集，要求从业人员具备极高的专业技能和应对突发情况的能力，Sora 能够提供高度逼真的模拟环境，通过定制化的训练场景，大大提高培训的效率和效果。

在航空行业，飞行模拟器一直是飞行员培训不可或缺的工具。传统的飞行模拟器虽然能够模拟实际飞行环境，但在场景的多样性、逼真度以及个性化培训方面仍存在局限性。Sora 能够根据具体的培训需求生成各种复杂的飞行环境和紧急情况，如恶劣天气、系统故障等，为飞行员提供更加全面和逼真的培训体验。这种高度定制化的模拟训练，不仅能够提升飞行员的技能，还能增强其在各种紧急情况下的应对能力，从而提高航空安全水平。

在医疗行业，模拟训练同样具有重要的应用价值。在医学教育和临床培训中，模拟病人和虚拟手术已成为重要的教学手段。Sora 能够生成高度逼真的人体解剖结构和疾病模型，为医学生和医生提供近乎真实的手术和诊疗操作环境。通过这种模拟训练，医学生可以在没有风险的情况下进行手术操作练习，而资深医生也可以通过模拟来掌握新的治疗技术或手术方法。这种培训方式不仅能够提高医疗人员的专业技能，还能降低医疗事故的风险，提升医疗服务的质量。

Sora 在航空和医疗行业模拟培训中的应用还具有显著的经济效益。通过虚拟模拟训练，Sora 可以大幅降低传统训练方法中对实体设备和设施的依赖，从而减少培训成本。Sora 使培训计划可以根据每个学员的进度和需求进行调整，提高了培训的效率和质量。

Sora 在这些领域的应用不仅限于提高个人技能，还能提高团队的协作能力。在航空行业，飞行安全不仅取决于飞行员的个人技能，还涉及机组成员之间的有效沟通和协作。Sora 可以模拟飞行中的各种情况，训练机组人员在紧张复杂的环境下保持良好的沟通和高效的团队协作。在医疗领域，手术成功往往需要外科医生、麻醉师、护士和其他医疗人员之间的紧密合作。Sora 能够模拟手术过程中的各种情况，提高医疗团队的协作效率，确保手术顺利进行。

5.4.2　专业人员的虚拟环境训练

在建筑行业中，Sora 的应用可以大大提高工程师和建筑师的训练效果。通过创建与实际建筑现场相似的虚拟环境，Sora 让专业人员能够在模拟的建筑现场中学习和实践建筑技能。这种训练方式不仅安全无风险，还能有效节省成本和时间。传统的现场训练往往需要大量的物理资源，如材料、设备和场地，而且存在安全风险。Sora 的虚拟环境训练使得工程师和建筑师可以在没有这些限制的情况下，进行更频繁和深入的实践操作。

Sora 还可以模拟各种复杂和非标准的建筑场景，包括高难度的结构设计和特殊环境下的建筑工作，如地震带的建筑施工、高海拔地区的建筑项目等。这种训练不仅有助于提高专业人员的技能水平，还能增强他们在面对实际工程挑战时的应变能力。

在紧急救援领域，Sora 的应用则体现在对复杂自然灾害情境的高度还原，为救援人员提供了一个近乎真实的训练平台。通过模拟自然灾害，如地震、洪水、山火等，Sora 可以训练救援人员如何在极端和危险的环境中进行有效的救援操作。这种训练不仅涉及操作技能的提升，还包括应急决策、团队协作、心理承受能力等多方面的能力培养。

Sora 能够根据不同的训练需求，定制各种救援场景和任务。例如，可以模拟在密集的城市环境中进行搜索和救援的场景，或者在偏远山区进行野外生存和救援的场景。通过这些高度定制化和逼真的训练环境，救援人员能够在面对真实灾害时，做出更快、更有效的反应，从而提高救援效率，降低潜在的风险。

5.5　内容创作

Sora 正在内容创作领域引发一场变革，通过提供快速、高效的视频内容创作方法，不仅为社交媒体上的内容创作者提供了强大的支持，也为个人娱乐的视频制作带来了全新的体验。

在社交媒体领域，内容创作者可以利用 Sora 快速生成引人入胜的视频内容。无论是制作时尚短片、深度教程还是娱乐性视频，Sora 都能提供创意支持。例如，博主可以通过 Sora 生成包含个性化元素的视频，如特定风格的动画、定制化的背景故事，从而在内容丰富度和视觉吸引力上脱颖而出，吸引更多观众的关注和互动。

Sora 的应用也大大降低了视频内容创作的门槛。传统高质量的视频制作需要复杂的后期处理和专业的编辑技能，但 Sora 使即使没有专业背景的内容创作者也能够轻松制作出高质量的视频内容。这不仅促进了内容的多样化发展，也让更多的创作者有机会展示自己的才华。

在个人娱乐方面，Sora 为广大用户提供了一种全新的视频内容创作方式。

用户可以根据自己的兴趣和创意，通过 Sora 制作各种风格和主题的视频。无论是设计记录旅行见闻的短片、制作个人博客视频还是创作家庭影像资料，Sora 都能提供高效且专业的支持。这种快速而简便的视频制作方式，极大地丰富了个人娱乐生活，使得视频记录和分享更加生动和有趣。

　　Sora 的商业化应用还促进了视频内容的个性化和定制化发展。通过深度学习和人工智能技术，Sora 能够理解用户的具体需求和偏好，为用户提供量身定制的视频内容创作服务。这种高度个性化的服务不仅满足了用户对视频内容多样性和创新性的追求，也为视频内容的商业化推广和品牌营销提供了新的途径。

　　随着 Sora 技术的不断进步和应用领域的扩展，其在内容创作领域的变革作用将会越来越大。未来，Sora 不仅能够为专业内容创作者和普通用户提供更加丰富和高效的视频制作工具，也将推动整个内容创作产业向更加智能化、个性化的方向发展，为人们带来更加丰富多彩的视觉体验。

第 6 章　如何利用 Sora

上一章基于行业角度描绘了 Sora 的商业应用蓝图，
那么作为普通人，我们应该怎样乘上 Sora 的风口呢？

个人应用 Sora，从路径上说，大致可以分为两个方向。

第一个方向是提供上下游的资讯类服务。现如今国内外已经有一些人在尝试这个方向，比如搭建 Sora 资讯网站，或者提供 Sora 提示词查询服务，见图 6-1。

图 6-1　Sora 咨询服务网站

这种方式需要我们拥有比较强的信息整合能力以及数据爬取能力，当然如果技术允许的话，我们还可以将网站进一步发展成 Sora 的第三方社区，作为爱好者的交流平台。

第二个方向更加简单一些，就是直接使用 Sora 进行内容产出。现在正是各视频内容平台大规模增长的时期，Sora 的出现大大降低了人们成为内容生产者的门槛，只要你愿意投入一些时间和精力，即便是普通人也能从中分一杯羹。

6.1　怎样制作短视频

Sora 可以帮我们解决视频生产的问题，我们已经不需要辛苦地背着摄影器材四处奔波去拍摄视频素材，当然，拍摄素材只是短视频制作的一个方面，除此以外，我们还有其他工作需要亲力亲为。

短视频制作的流程大致可以分为以下几步。

6.1.1　前期策划

确定视频主题和内容，构思如何呈现主题，准备拍摄脚本或思维导图。

6.1.2　拍摄执行

选择合适的拍摄工具和设备，如手机或专业相机，使用稳定器或三脚架以提高画面质量。

6.1.3　后期制作

后期制作包括视频剪辑、调色、声音处理等，选择合适的镜头素材拼接成完整视频。详细地说，可以细分为下面具体执行流程。

确定主题：选择一个有吸引力的主题，为视频定下基调。

编辑文案：写下视频想要表达的内容，包括台词和解说词。

视频拍摄：使用高清模式拍摄，确保画面稳定和清晰。

视频剪辑：剪掉无用部分，将不同片段拼接成一个完整的视频。

添加字幕：如果需要，可以在视频中添加字幕以增强信息传递。

发布：选择合适的平台和时间发布视频，注意添加地理位置、话题选择和标题描述。

有了 Sora，我们就可以彻底省去拍摄这个步骤，接下来我们主要聚焦于前期策划和后期制作这两项的讲解。

6.2 主题与脚本设计

6.2.1 主题策划该如何做

主题策划是短视频制作的灵魂所在。创作一部吸引人的短视频的起点在于精心选择一个恰当的主题，确定主题的过程不仅是明确内容方向的过程，也是对后续创作流程的铺垫。确定主题本质上是一个筛选和决策的过程，在头脑风暴中我们需要明确"想做"和"能做"的主题，从而找到最合适的切入点。

短视频行业已经进入成熟阶段，市场竞争日益激烈，对刚入门的短视频创作者而言，在启动拍摄前，确立清晰的内容方向，包括确定自己想要进行的活动、想要分享的看法以及希望传达的情感，是非常必要的。

一个好的主题就像一盏指路灯，它能够引导创作者朝着正确的方向前进，不仅能够帮助创作者集中精力，高效利用资源，还能够让观众在第一时间理解视频的核心内容，提高观看的兴趣和满意度。

在确定主题的时候最好能结合自身定位，也就是结合我们自己的特长、兴趣以及目标受众来确定视频的风格或领域。比如，我们的短视频账号主打美食教程，那么主题应当围绕各种菜肴的制作方法、食材的选择技巧等内容展开。夏天来临，可以考虑介绍一些适合夏日消暑的开胃小菜，这样既符合季节特点，又能满足观众的需求。又如，短视频定位于大学生的穿搭分享，那么主题就应该聚焦于校园流行的服饰搭配、实用性强且具有个性化特点的服装选择等。

创作者应该坚持自己的特色和优势，避免盲目跟风或者涉猎与自己主题不符的内容，假如我们的美食教程账号突然发布穿搭分享，或者一个穿搭博主开始介绍美食制作，这种做法往往会让观众感到困惑。每个账号都有其固定的受众群体，他们关注并订阅这些账号是因为对特定内容感兴趣，内容方向突变就可能导致观众流失。

当然事无绝对，当想要尝试一些新的选题方向时，我们可以利用"生活分享"这一万能润滑剂，根据观众的反馈决定是否在这个方向上进一步深入。

6.2.2　脚本的编写方法

脚本可以理解为视频创作的蓝图，它除了提供一个明确的制作指南外，更在于帮助创作者在创作过程中保持清晰的方向。

脚本设计包含了视频的所有重要元素，如剧情概述、角色对话、场景设置、特定的动作和表情等。对于短视频，脚本还需要详细说明每一个镜头的安排，包括镜头的类型、角度、持续时间以及镜头之间的转换方式。通过规划脚本，创作者可以预先设计视频的每一个细节，确保制作过程中的每一步都能够按照预定的计划进行。

好的脚本可以使视频制作更加高效和有序，创作者可以依据脚本采集和准备所需的素材，包括视频片段、背景音乐、特效等。在剪辑阶段，脚本也是剪辑师遵循的指南，帮助他们理解每一段视频的意图和位置，确保视频的流畅性和连贯性。脚本还能够帮助创作者在创作过程中发现可能的问题并提前进行调整，减少制作中的返工和修改，提高制作效率。

对于 Sora 来说，脚本的意义在于明确一套完整的提示词来控制视频素材的生成。通过脚本，创作者可以借助 Sora 将自己的创意和想法具象化，将抽象的概念转换为具体可执行的制作步骤。脚本中的每一句提示词都是对视频内容的精心规划，包括视频想要传达的信息、希望观众感受到的情绪以及预期的视觉效果。详细的规划不仅可以在制作过程中保持创意的连贯性，也能够确保最终的视频能够准确地传达创作者的意图。

在脚本的制作过程中，创作者需要考虑多个方面的因素。除了明确视频的核心信息和目标受众以外，创作者需要构思视频的整体结构和流程，包括开头的吸引方式、中间部分的信息展现以及结尾的总结或号召性用语。在这个基础上，创作者还需要细化每一个镜头的设计，考虑如何通过视觉元素和声音效果来增强信息的传达。

1. 开场白

如何让观众决定将视频看下去是创作者要面对的第一项挑战，视频的开场便是抓住观众眼球的关键点，创作者不妨使用疑问句作为视频的开头，比如使用以下开场白。

> 你听说过这样的故事吗？
> 你是否也有这样的经历？
> 到底怎么样才算是成功的一生？

使用疑问句开场能够引发那些对此有共鸣的观众的兴趣，也能激起那些对主题没有直接需求但出于好奇而停留的观众的好奇心。它的妙处在于能够迅速建立起观众与视频内容之间的联系，无论是通过共鸣还是好奇心。

疑问句的开场之所以有效，是因为它激发了观众的好奇心和求知欲，人天生就有解决问题的冲动，当视频以一个问题开始时，它就像一个未解之谜，吸引着观众去寻找答案。这种策略特别适合用在故事讲述类或揭秘类的视频中，观众一旦被初步展示的问题所吸引，便会期待在视频中找到答案，这就大大地增加了他们观看视频的可能性。

除了利用疑问句作为开场，另一种有效吸引观众的策略是在视频开头展示精彩片段或高潮部分，即"剧透式"的开场方式，通过提前透露一部分精彩内容，激发观众的好奇心和兴趣。以故事讲述类的视频来举例，见图6-2。

这种方法是对疑问句开场白的延伸，同样在开始的时候给观众抛去大大的问号——这到底是一个什么样的故事？故事是怎样发展到这一步的？这样的开场不仅能吸引观众的注意，还直接向观众展示了视频的主题和精华，使观众对视频的内容产生期待。

气球人最终还是拥有了正常人的生活，
但这一切的代价值得吗

图 6-2 使用故事高潮点作为开场

无论是使用疑问句开场还是通过展示视频精华部分来吸引观众，重要的是确保所展示的内容能够代表视频的整体主题和质量。在选择开场的内容时，创作者需要深入思考视频的核心信息和最吸引人的元素，确保开场部分能够准确且有效地传达这些信息。

开场的制作不应仅注重内容的选择，视觉和听觉元素的巧妙运用同样可以帮创作者留住观众，利用引人注目的视觉效果、吸引人的背景音乐和声音效果可以进一步增强开场的吸引力。例如，一段充满悬念的背景音乐配合紧张刺激的画面，可以使疑问句开场的悬念感更加强烈；而一段高潮部分的慢动作回放，配合激昂的音乐，可以让观众在一开始就感受到视频的动感和激情。

2. 抓住观众情绪

能否调动起观众的情绪决定了观众是否会与你的视频产生共鸣，有共鸣才会有热度，这是短视频制作的不二法门。具体来说，可以从下面几个方面进行设计。

故事情节：构建引人入胜的故事情节，通过人物、情节、时间、地点等元素，让观众产生共鸣。例如，通过人物关系展现的小故事，或者在不寻常的场合做出意外的行为，都能够激发观众的情绪。

特殊角色：设置独特的角色，打破观众的常规认知，比如上面例子中的气球人，或者将传统角色以新颖的方式呈现，从而引发观众的好奇心和情感波动。

相似情境：选择与大多数人生活经验相似的场景，激发观众的共鸣和情感回忆。

配音加持：合理使用配音，通过声音的力量增强情感表达，引导观众的情绪变化。

情感价值：提供情感价值，让内容简单直接地触及观众的情感，无须复杂的逻辑或因果关系，只需情感到位。

情感共鸣点：根据不同的情感（如喜、怒、哀、乐等），设计能够引起共鸣的内容，让观众在看视频时能够感受到相应的情感变化。

无论创作者怎样设计内容，即使内容与观众的观念相冲突也不要紧，但是落脚点一定要落在社会道德水平的提高上，也就是朴素的真善美道德观，这一点是非常重要的，不要为了标新立异而设计一些偏离正轨的内容。

3. **在结尾继续抛出疑问**

人们的生活场景各不相同，但不管是在城市繁忙的街道还是在乡村宁静的田野，迥异的生活背景下，人们所面对的问题总是惊人地相似，工作压力、家庭责任、个人成长、人际关系，这些主题贯穿在每个人的生活中。

我们可以找出这些问题和经历，并总结出其中的共性，在视频的最后把疑问重新抛给观众。

> 换作是你，你会怎么做？
> 他的出路又在哪里？
> 视频前的你，生命中又有着怎样的遗憾呢？

在视频的结尾提出开放性问题，这样的互动方式能够有效地引发观众的思考和参与。观众在看到他人的故事后，会有自己的感悟，进而在评论区分享，增加了视频的互动性。这样的结尾方式不仅让观众成为内容的接收者，更让他们成为内容的参与者和创造者，从而构建一个互动的社区环境。

6.2.3　如何编写 Sora 的视频生成脚本

虽然我们不需要亲自扛着设备去完成视频的拍摄，但本质上我们把 Sora 变成了摄影师去完成这一部分的工作，为了控制好视频素材的生成结果，同样需要提前创作短视频脚本。

脚本是视频内容流程的详细规划，就像建筑工程中的详细图纸，为后续的视频内容、剪辑乃至整个创作团队的工作提供明确的指导和依据。

在脚本中，我们要详细规划视频的每一个场景、每一段对话甚至每一个镜头的切换，这些都是视频最终能否成功的决定因素。预先规划可以让创作者在制作前就对视频的整体风格、情绪以及传达的信息有一个清晰的认识，这对于制作出高质量的视频是非常重要的。短视频脚本一般可分为视频提纲、分镜头脚本及文学脚本三种。

1. 视频提纲

视频提纲的主要作用是为视频中的关键场景或片段列出必要的制作要点和提示，帮助创作者聚焦于内容的核心，确保制作过程中不遗漏重要信息。

在人物传记类视频的制作中，创作者需要深入地展现人物的生平、成就以及个性特点，涉及大量的历史资料、采访片段和现场重现。视频提纲能够帮助创作者梳理这些复杂的信息，预先规划每个场景需要捕捉的细节，从而更加高效地完成制作任务。

视频提纲也要包含场景的描述、人物的行为、对话的主要内容以及特定的视觉效果需求。例如，在制作一位科学家的传记视频时，视频提纲需要在介绍其重大科研成就时，指出需要配备哪些实验器材，应如何布置实验室的场景，甚至包括科学家工作时的具体姿态和表情，为之后的 Sora 视频生成规划好内容。

对于其他类型的短视频内容，如生活分享、技巧教学或娱乐类视频，视频提纲同样是必需的。这些类型的视频侧重于内容的创意性和互动性，需要更大的灵活性和即兴创作的空间。在这些情况下，创作者可以先列出大致的提纲，再在之后的制作过程中进行补充。

2. 分镜头脚本

分镜头脚本是利用文字直接描绘镜头的表现画面，包括场景、景别、服装、角度、道具、机位等信息。分镜头脚本会在后续的工作中被转化为 Sora 的提示词，是创作者控制 Sora 创作视频素材的手段。下面详细介绍一下相关概念以及作用。

场景：故事的发生地点，也就是视频中的背景场景，比如小巷、商贸街、草原等。

景别：景别指的是被摄物体在摄影机取景器中所呈现的大小和范围，景别的选择对于视觉叙事和情感表达有着非常大的作用，合理运用景别可以极大地增强作品的表现力和观众的观看体验。

（1）远景镜头。远景能够展现宽广的视野和大范围的被摄空间，使得画面在气势、规模上拥有更强的表现力。当画面将人物和背景完整地包含其中时，人物在整个画面中的占比会相对较小。远景通常用于展示故事的环境，它能够强调场景的广阔和深远，并有效地营造特定的氛围，见图 6-3。

远景可以进一步细分为大远景和标准远景两种类型。大远景特别适合捕捉宏大的自然景观，这类画面强调了自然的壮观和辽阔，图 6-3 便展示了大远景的景别。而标准远景更多用于展示相对宽敞的空间，在这种画面中虽然人物出现了，但其轮廓不够清晰，难以识别具体的面容细节。这样的拍摄手法让观众的注意力集中在整个场景的布局和氛围上，而非人物的细节上。

图 6-3 远景镜头

（2）全景镜头。全景位于远景和中景之间，主要聚焦于人物，能够将人物全身拍摄入画面，并留有适量的空间以便展现人物的动作。全景的拍摄方式通过捕捉人物的表情和动作来揭示其情感状态和心理活动，见图 6-4。

图 6-4 全景镜头

全景拍摄可以有效地描绘人物与所处环境之间的互动关系，展现人物在特定环境中的活动情况，是塑造场景中人物或物体的关键手段。例如，在一个展现独居者的场景中，全景拍摄能够同时捕捉到角色的全身形象及角色在空间中的活动，如停下脚步拍照的瞬间，不仅展现了人物的行为，也展示了人物与周围环境的关系。

（3）中景镜头。中景镜头可以覆盖人物从膝盖以上到头部的区域，这种拍摄方式接近于人眼的自然视角，使观众能够清楚地观察到人物的面部表情和上半身的肢体语言。通过中景镜头，观众可以更加直观地感受到人物的情绪变化和动作细节，所以在讲述故事和展现角色性格时可以选择中景景别，见图6-5。

图 6-5　中景镜头

在中景拍摄中，人物在整个画面中占据较大的比例，角色会被动地成为观众视线的焦点。画面中还会包含一定量的背景元素，这些元素虽然不如人物那般突出，但依然能提供必要的环境信息，帮助观众理解人物所处的场景和背景。为了确保人物作为主体的突出地位，背景有时会被适度模糊处理，这样既保留了环境的连贯性，又有效避免了视觉上的干扰，让人物的表情和动作成为观众关注的重点。

中景适合于人物对话、情感表达以及展示人物与周围环境的互动等情境。

通过捕捉人物的表情和身体语言，中景能够有效传递角色的情绪和故事情节，增强叙事深度。中景也是展现角色之间关系和互动的理想选择，因为它既能展现足够的人物细节，又能在一定程度上呈现人物之间的空间关系和互动情境。

（4）近景镜头。近景镜头聚焦在人物的胸部以上部分，主要捕捉人物的面部表情和神情细节，近景的拍摄手法使观众能够更加直观、深入地感受人物的情绪和心理状态。近景通过对人物面部的细致展现，能够传递丰富的情感信息和微妙的心理变化，为叙述增添情感深度，见图 6-6。

图 6-6　近景镜头

在近景的构图中，背景和环境元素的展示被大幅度简化，聚焦的范围相比中景更加有限，这使人物的表情和神态成为画面中唯一的焦点。观众的注意力完全集中于人物的面部，无论是一丝微笑、一滴泪水还是一个眼神，都能被观众清晰地捕捉和感知，从而极大地增强了故事情节的情感传递和角色性格的深度刻画。

在需要深度展示人物内心情感或在紧张、关键的剧情节点中一般会使用近景的景别，这可以有效地引导观众进入人物的内心世界，与角色产生情感共鸣。例如，在影视剧的重要对白、悲伤离别或紧张冲突的场景中，通过近景捕捉人物面部的每一个细微表情，能够让观众更加真切地感受到人物的情感波动，加深对角色的理解。

近景通过展示人物面部的特写，可以在视觉上产生强烈的冲击力，使情节更加紧凑和引人入胜。在这种情境下，背景虽然被大幅模糊或简化，但恰恰因为这种聚焦，人物的情感表达成为画面中最强烈的视觉元素。

（5）特写镜头。特写镜头通过极度放大的视角聚焦于细节，无论是人物的某个局部还是一个特定物体都能够展现出非凡的表现力。在特写镜头下画面的背景和环境几乎被完全排除在外，使得观众的全部注意力都集中在被拍摄对象的细节上，见图6-7。

图6-7　特写镜头

当特写镜头应用于人物时，它可以捕捉到人物表情的微妙变化、眼神的深邃，甚至皮肤上的细微纹理，这些细节在普通的镜头下往往难以观察到。通过这种细腻的描绘，特写镜头能够深化人物形象，增强情感表达，一个紧紧握拳的特写可以表达人物的愤怒或决心，一滴眼泪的特写则能深刻传达人物的悲伤或感动，这些都是特写镜头独有的表现力。

当特写镜头应用于物体时，它往往承载着更深层次的象征意义和内涵。物体的细节被放大后不仅展现了其物理特征，更赋予了物体特定的象征意义，成为故事叙述中不可或缺的符号。以《盗梦空间》中的陀螺为例，其旋转代表着时间的流逝，而其最终的晃动暗示着某种状态的结束或变化的来临。特写镜头不仅增加了叙事的层次和深度，也使观众能够通过对这些细节的观察和解读，更深入地理解故事的主题和寓意。

服装：服装的选择和搭配不仅反映角色的性格和身份，也是塑造场景氛围、加强视觉效果的重要手段。根据不同的场景和角色设定，选择恰当的服装能够提高人物与环境的和谐度，提升整体的视觉协调性。

例如，在拍摄以古镇或古典建筑为背景的视频时，选择传统的汉服作为服装不仅能够让人物与古色古香的环境相得益彰，还能增添一份历史的沉淀感和文化的内涵。汉服的流畅线条和丰富细节在古建筑的衬托下，更能展现出独特的美感和风韵，使得视频画面更加饱满和生动。

在海边这样开阔明亮的场景下，泳装或轻便的海滩装扮以及明快的颜色，都能很好地与蔚蓝的海水、金黄的沙滩相协调，传达出轻松愉悦的氛围。鲜艳的服装在阳光的照耀下更加耀眼，能够吸引观众的视线，让人物在广阔的海滩背景中更突出。

当服装颜色与画面的整体色调较接近，不足以突出人物时，创作者可以添加一些颜色对比强烈的配饰，如鲜艳的围巾、个性的帽子等，这不仅能够增加画面的层次感和视觉冲击力，还能有效地引导观众的注意力，使人物在画面中更显眼。这些细节上的搭配，不仅丰富了人物的形象，也为视频增添了更多的色彩和活力。

拍摄角度：拍摄角度是摄影机相对于被摄对象的位置和方向，不同的拍摄角度能够带来不同的视觉效果和情感体验，这是影像创作中极为重要的表现手法之一。一般而言，拍摄角度可以分为平拍、仰拍、俯拍三种，见图 6-8。

（1）平拍。平拍通过调整摄像机的高度使之与被拍摄对象的眼睛保持水平，这种拍摄角度为观众提供了一种直接、未加修饰的视角，使得画面呈现出自然和真实的感觉，仿佛观众就站在场景之中与人物面对面交流。

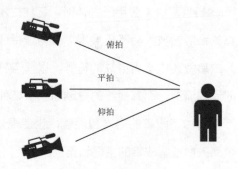

图 6-8 三种拍摄角度

采用平拍角度拍摄能够有效地避免因角度产生的视觉扭曲，保持人物的身体比例和环境的真实比例，这有助于塑造人物形象、展现人物性格和情感状态。在对话场景中，平拍能够使观众感受到人物之间的情感交流和对话的真实性，增强故事情节的沉浸感。

平拍不仅限于人物的拍摄，同样适用于物体或景物的拍摄。在平拍方式下，观众能够获得与物体或景物同等高度的视角，这种视角的平等性有助于展现物体的细节或景物平铺开来的美感，见图 6-9。

图 6-9 平拍视角

（2）仰拍。仰拍通过从低处向上拍摄可以创造出一种特殊的视觉效果，使被摄主体在画面中显得高大和威严。仰拍手法不仅改变了观众的视角，更在情感和心理上强化了人物的形象，经常被用于强调人物的力量、权威或英雄主义特质。

在使用仰拍角度时，摄像机位于人物的下方向上仰视拍摄，仰视的视角会使人物的轮廓线条更加突出，身形被拉长，从而在视觉上产生一种超越常人的印象。在描绘历史人物、领袖或英雄时，仰拍能够有效地放大这些人物的英雄气质和领导魅力，让观众在无形中感受到人物的非凡气场和影响力。

当仰拍用于建筑或自然景观的拍摄时，摄像机从低角度拍摄雄伟的建筑或巍峨的山峰可以增强建筑的壮丽和山峰的险峻，给人以震撼感和敬畏感。这种视角在展示建筑美学和自然之美时尤其有效，能够使观众从独特的视角欣赏到被拍摄对象的宏伟和美丽。

创作者应根据叙事内容和情感表达的需要恰当运用仰视角度，过度或不恰当使用仰视角度会导致情感表达的夸张或视觉上的不协调，所以在制作过程中，创作者需要仔细考虑仰视角度是否能够有效服务于故事的叙述和人物形象的塑造，从而做出恰当的选择，见图 6-10。

图 6-10　仰拍视角

（3）俯拍。俯拍通过将摄像机置于高于被拍摄对象的位置并向下拍摄，创造出一种从上向下的视角，使得画面中的人物或物体在视觉上显得很小。俯拍的拍摄手法不仅影响了画面的构图和视觉效果，更在心理层面上给观众以人物地位的降低或情感上的孤独、脆弱之感。

当俯拍用于人物时，由于视线集中在人物的头部及其周围，画面中的人物会因为视角的关系，在形体上显得矮小，这种形象上的"缩小"往往会被解读为人物处于弱势、无力或受限的状态。在叙述上，这样的视角可以用来表达人物的孤立无援、内心的压抑或面对重大挑战时的渺小感。

俯拍同样适用于场景的拍摄，这种拍摄角度可以更全面地展示某个地点的布局和结构，使观众能够一目了然地把握整个场景。在城市风光、自然景观或者复杂场景的拍摄中，俯拍能够提供一种宏观的视角以展示场景的全貌和细节，从而带给观众全新的视觉体验。

俯拍过度或不当使用会造成情感上的疏远，让观众难以与画面中的人物产生情感共鸣。在采用俯拍时，创作者需要根据叙事的需要和情感表达的目的精心设计每一个镜头，确保俯拍角度能够有效地服务故事的叙述和情感的传达，见图 6-11。

图 6-11 俯拍视角

道具：道具可以增强场景的真实感，丰富故事情节。正确和恰当地利用道具可以使视频画面更加生动有趣，从而增强观众的观看体验。

在拍摄方面，道具的选择需要与视频的主题、场景以及人物的性格和情感状态紧密结合，合适的道具能够突出人物特点，加强情节的推进，甚至可以成为推动故事发展的关键元素。

但是，在使用 Sora 时一定不要堆砌过多的道具，创作者可以将一些简单的道具直接合并到场景中，让其作为场景的一部分。核心道具需要跨场景出现就会比较棘手，因为这些道具需要像人物那样作为单独的元素被制作，这会大大增加 Sora 生成视频的难度。所以，在道具使用方面要遵从"如无必要，勿增实体"的原则，能少用就少用，能不用就不用。

3. 文学脚本

相较于视频提纲与分镜头脚本，文学脚本的存在感要弱很多。它不同于其他类型的脚本，主要列出拍摄中的可控因素和具体的拍摄指导思路。文学脚本的核心在于精确地描述镜头的要求，包括但不限于角度、镜头大小、人物位置、场景布置以及必要的道具等，从而确保拍摄过程中的每一个环节都能按照计划进行。

由于短视频的内容一般不会太复杂，因此文学脚本也会比较简单，有时会被直接忽略。

6.3　使用 Sora 的小技巧

在使用 ChatGPT 的时候，我们通常会采用一种循序渐进式的迭代方法来获得更高质量的回答。

人工智能很难在一次的问答中给予我们完美的答案，有时是因为我们的问题不够详尽，有时是因为 ChatGPT 没有理解我们的意图。在这种情况下，对问题进行一次次的迭代会让 ChatGPT 的回答慢慢接近我们需要的答案。

在 Sora 的使用中同样可以采用 ChatGPT 式的渐进生成方法。例如，让 Sora 生成角色，首先让 Sora 生成几组不同的人物造型，有不满意的地方再进一步细化提示词，直到生成我们心仪的人物，从中挑选出来成为正式的角色。假如在挑选的过程中，我们喜欢 A 的服装，喜欢 B 的角色设计，这时可以直接将两段视频交给 Sora，告诉它将 A 的服装与 B 的角色进行融合，融合后的新角色就可以存储为角色素材。

之后，我们可以用同样的方式完成场景、关键道具的生成，使用场景和道具完成分镜头的故事流程，最后再把故事中的角色更改为我们的角色素材，这样就完成了一个分镜头的制作。

以上流程适用于比较复杂的视频，如果视频内容很简单，按照自己的需求简化上面的步骤即可。

另外，Sora 生成的视频是有时长限制的，所以我们的脚本一定要规划好分镜头与镜头长度，尽量把镜头数量控制在合理的范围内，不要太多也不要太少。过少的镜头数会超出 Sora 的时长限制，而过多的镜头数会提高画面一致性问题出现的概率。

6.4 创作范例解析

来自加拿大多伦多的多媒体制作公司 Shy Kids 是一家利用 Sora 进行微电影创作的机构，他们所创作的 *Air Head* 是一部具有情节设置的微电影作品（图 6-12）。

在 Sora 刚刚发布的时候，OpenAI 赋予了几个制作团队访问 Sora 的权限，其中之一就是 Shy Kids 团队，他们利用这个难得的机会制作了这部作品。西德尼·利德（Sidney Leeder）是这部电影的制片人，沃尔特·伍德曼（Walter Woodman）担任编剧和导演，帕特里克·塞德伯格（Patrick Cederberg）负责后期制作。

图 6-12　短片 *Air Head*

在 2024 年 4 月 fxguide 的一次播客访谈中，帕特里克·塞德伯格分享了使用 Sora 制作 *Air Head* 的部分细节，这对于我们有很好的借鉴意义。

虽然该短片只有一分钟左右，但是团队却为此准备了大量的视频素材，这样角色的一致性就会成为很大的问题。Sora 在一致性方面的优异表现仅限于同一个视频之内，Sora 采用的是扩散模型，所以在进行跨视频创作时依然会有随机性大的问题。考虑到时间成本以及算力成本，Shy Kids 选择了"气球人"这样一个不包含五官的角色形象，以最大限度地避免角色形象固定的问题（图 6-13）。

图 6-13　气球人的角色形象

在创作理念方面，创作团队希望短片最终呈现一种现实与荒诞掺杂在一起的效果，于是在多次的团队内部沟通中这样一个有趣的角色设计就诞生了。

在使用 Sora 实现这个创意的过程中，Shy Kids 同样经历了迭代生成的过程，可以说迭代是生成式模型最重要的法则之一。当团队首次要求 Sora 创作一个"脑袋是一个气球的男人"时，Sora 给出的答案是一个长着五官的气球脑袋（图 6-14），之后团队对其进行了修正，将提示词更改为"脑袋是一个气球但没有五官的人"，这时便出现了图 6-13 所示的角色形象。又经过多次的输入与确认，Sora 便利用上下文记忆功能记住了当出现"气球脑袋"这样的提示词时，所指的就是这样一个角色形象。

图 6-14　长着五官的气球脑袋

在构图控制方面，Sora 可以理解大部分专业术语，比如"过肩镜头""特写镜头"等，但是对于一些复杂的镜头构图，Sora 无法理解。创作者需要对镜头构图进行更细致的拆解，比如提供"这一部分我需要变焦镜头，几秒钟之后更改为摇臂镜头"这样更加具体的构图要求。同样，这也需要多次的迭代来获得让人满意的镜头效果。

不同视频素材之间的色调差异则不用太担心，在后期的剪辑过程中这些都是非常容易用剪辑软件进行调整的，创作者最需要关注的是对整个视频的宏观把握，也就是视频内容的整体走向、分镜头细节、视频整体风格等。

当然，与 Sora 一起工作的过程是一个螺旋上升的过程。Shy Kids 在使用 Sora 生成素材的过程中，会经常性地受到 Sora 生成的内容的启发，在完成最终的作品之前，人与 Sora 互相提携着。

　　在访谈中，Shy Kids 毫不吝惜对 Sora 的夸赞，在他们看来，时代的变化是无法阻止的，而 Sora 可以极大地帮助独立创作者实现自己的创意，使用 Sora 的成本之低使得每一个人都有了创作的可能。并不是说他们因此就要抛弃传统制作电影的方式，任何艺术形式都有其存在的空间，Sora 的出现只是让创作者的创作方式更加灵活，说到底 AI 也只是众多工具中的一种。

第 7 章　AI 生成内容的伦理考量

　　AI 的强大是我们有目共睹的，但同时是非常危险的。AI 的威胁较隐蔽，不容易引起人们的警惕。

　　"奇点降临"这样的假想是否会实现，现在还是一个未知数，但是面对没有感情、没有道德观念的机器，人类必须建立牢固的道德观念，不仅仅要防范 AI，更要防范别有用心的人利用 AI 来实践自己的恶行。

7

7.1 伦理框架与指南

当我们使用 AI 生成工具时，应遵循以下基本原则。

7.1.1 透明度

透明度原则要求 AI 生成工具的开发者、操作者和使用者明确告诉用户内容是由 AI 生成的，避免让其认为这些内容是人类创作者的作品。透明度原则不仅涉及诚信问题，也关乎信任、责任和道德界限。

透明度原则的首要目的是保障用户的知情权，当用户了解他们接触的内容是由 AI 生成时，用户能更加自主地做出是否信赖或依赖该内容的决定。

清晰地标识 AI 生成的内容，可使公众更好地了解 AI 技术的应用范围和潜力，减少由于误解而产生的恐惧或抵制情绪，有利于人们对 AI 技术的正确理解和接受。

更进一步，这一原则有助于维护 AI 伦理的边界。明确指出内容的 AI 来源可以避免一系列潜在的伦理问题。透明度原则通过确保信息的来源清晰，为这些伦理挑战提供了解决的基础。此外，透明度原则还关联到责任归属问题。

为了有效实施透明度原则，可以采取一些具体措施，比如开发者可以在 AI 生成的内容旁添加明显的标识或声明，直接告知用户内容的来源。在设计用户界面时，可以采用醒目的方式展示这一信息，如使用明显的字体、颜色或其他视觉提示。

AI 技术的不断进步，尤其是在文本、图像和声音生成领域的应用，使得 AI 生成内容与人类创作内容越来越难以区分。这凸显了透明度原则的重要性。人们可以通过教育和培训，提高对 AI 生成内容特征的识别能力，进一步支撑透明度原则的实施。

7.1.2　隐私保护

隐私保护原则要求确保个人信息的安全，防止未经授权的访问、使用或泄露。在 AI 生成内容中避免使用真实人名，同时注意对个人敏感信息，如地址、性别、情感状态的保护。

实施隐私保护原则可以保护个体不受未经授权的监视和数据滥用的侵害。个人信息的泄露可能导致一系列负面后果，包括身份盗窃、网络欺诈以及个人隐私的侵犯。因此，保护用户隐私不仅是法律和规范的要求，也是维护个人安全和尊严的必要条件。

在 AI 生成工具的开发和使用过程中，采取技术和管理措施来确保数据安全是至关重要的。例如，使用数据加密技术可以防止未经授权的数据访问，实施访问控制策略，可以确保只有授权人员才能接触敏感信息。

数据最小化原则在隐私保护中占有重要地位。这意味着只应收集实现特定目的所必需的数据，不必要的个人信息，如真实姓名，不应被收集或用于 AI 内容的生成。这有助于减少数据泄露或滥用的风险。

对于 AI 生成内容，应设计算法以排除真实人名的使用，避免可能的身份识别和隐私侵犯。在内容生成时，可以采用匿名化或伪装技术，以确保个人无法从生成的内容中被识别。

AI 技术开发者和使用者应遵守相关的隐私保护法律和行业标准。这些法律和行业标准为个人信息的处理提供了明确的指导，确保了在收集、存储、处理和分享个人数据时的透明度。

开发者、使用者和一般用户都应接受关于个人信息保护的培训，了解隐私权的重要性以及保护措施。提高公众对隐私和数据的保护意识，可以增强个体对自身数据的保护，降低隐私泄露的风险。

定期的安全审查有利于及时发现潜在的隐私泄露风险并采取相应的补救措施。同时，第三方审核可以提供一个独立的视角，评估组织的隐私保护措施是否到位。

7.1.3 公正性

公正性原则要求组织、团队和个体在开发或使用 AI 生成工具时，确保生成的内容不包含偏见、歧视或攻击性信息，并且尊重所有群体和文化。这一原则的目标是营造一个包容性和多元化的数字环境。

公正性原则要求从数据收集开始就消除偏见，AI 系统依赖大量数据进行学习和训练，如果这些数据存在偏差，AI 生成的内容就会反映并放大这些偏差。因此，确保训练数据的多样性和代表性是避免生成偏见内容的第一步，其中包括从多元化的来源收集数据。

公正性原则要求在 AI 系统的设计和开发过程中纳入道德和公正的考量。这意味着开发者需要对可能的偏见和不公正进行预测和识别，并采取措施进行修正。例如，可以设计算法以识别和校正偏见倾向，或者采用公平性审查流程，以确保 AI 系统的决策过程不会对特定群体产生不利影响。

公正性原则要求对 AI 生成内容进行持续的监控和评估，即使在部署后，也应定期检查 AI 系统生成的内容，确保其不含有攻击性、歧视性或偏见性的元素。这种持续的评估可以借助自动化工具和人工审查相结合的方式进行。

公正性原则要求在 AI 系统的开发和操作中纳入多元化的视角和专业知识，通过建立多学科的团队，集合不同背景和专业的人才，从多角度审视 AI 系统的设计和输出，有助于识别和解决潜在的不公平问题。

不同的文化群体对特定内容的接受度和解读存在差异，AI 生成的内容应当避免使用可能被特定文化群体视为不敬或攻击性的元素。这要求开发者对不同文化有足够的认识和理解，并在内容生成时考虑到这些差异。

教育和培训对于保证 AI 开发和应用中的公正性同样重要，对 AI 专业人员和用户进行关于伦理和公正性的教育，可以提升他们对这些问题的认识，有利于他们在实践中采取积极的措施以确保 AI 技术的公正应用。

公正性原则的实现还需要公众的参与和反馈，建立相应机制，允许用户报告和反映有关 AI 生成内容的不公正现象，进而获得改进 AI 系统的宝贵意见。

7.1.4　责任的透明度

责任的透明度不仅明确了组织、团队和个体应了解 AI 生成内容的性质和来源，而且规定了他们应承担的责任，这一原则的核心在于建立一个信任和可靠的框架，保证 AI 技术的应用遵守伦理原则。

责任的透明度原则要求把 AI 系统的设计和操作过程清晰地展示给用户。这意味着用户能够理解 AI 如何工作，以及它是如何生成特定内容的。例如，在使用 AI 文本生成工具时，应当明确指出生成的文本是由机器学习模型创建的，而非人类作者。

当用户或利益相关者提出疑问时，组织和个体应当能够提供合理的解释和回应，包括解释 AI 如何产生特定的结果，以及决策过程中所依赖的数据和逻辑。这种解释能力，有时被称为"可解释性"，是保证 AI 技术责任透明度不可或缺的一部分。

在实践中，责任的透明度原则需要通过一系列技术和非技术措施来实现。技术措施包括开发可解释的 AI 模型，这些模型能够提供关于其决策过程的解释。非技术措施包括制定政策和程序，以确保 AI 系统的开发和使用遵循伦理原则，还包括建立反馈机制，允许用户报告问题或提出疑问。

责任的透明度原则强调，当 AI 系统产生的结果引起争议或产生问题时，应有明确的责任归属，这可能涉及开发者、操作者或使用者，具体取决于问题的性质和来源。确保责任归属的清晰性不仅有助于问题的及时解决，也是建立用户信任的重要基础。

进一步，责任的透明度原则的实现还依赖多方的合作和对话，其中包括技术开发者、政策制定者、行业监管机构以及公众之间的持续沟通和协作。这样的合作可以确保 AI 技术的发展不仅遵循技术标准，也符合社会伦理和价值观。

在技术方面，采用开源原则和共享 AI 模型可以增强透明度。开源模型允许外部审核者和研究人员检查 AI 系统的工作原理，以及它是如何做出决策的。这种开放性不仅促进了技术的创新和进步，也有助于增强公众对 AI 系统的信任感。

责任的透明度原则还要求考虑到 AI 技术可能带来的长期影响和社会影响。这意味着在设计和部署 AI 系统时，不仅要考虑其技术需求和业务目标，还要考虑其对个人、社会和环境的广泛影响。在早期阶段对 AI 技术进行伦理和社会影响评估，可以提前识别并缓解其潜在的负面影响。

为了应对不断变化的技术和社会环境，责任的透明度原则的实施方法应具有适应性和灵活性。随着新技术的出现和社会价值观的演变，人们对 AI 系统的期望和要求也会随之变化，组织和个体应该持续评估和更新其 AI 伦理框架，以确保它们保持相关性和有效性。

7.2 使用 AI 生成工具的指南

7.2.1 审慎选择生成内容

在使用 AI 生成工具之前，审慎选择生成内容至关重要，因为这可以确保所产生的信息不含有引人误解、不准确或有害的内容。这一原则不仅关乎道德和责任，也涉及生成内容的可信度和社会影响。

生成内容的选择应基于对目标受众的深刻理解，了解受众的需求、价值观，避免产生不适宜或冒犯性的信息。例如，避免使用可能触发特定群体不适的语言或表达，确保内容对多元文化背景的受众都是尊重和包容的。

确保生成内容的准确性是防止误导性信息传播的关键，在生成基于事实的内容时，如新闻报道、学术研究或技术文档，必须依赖可靠和经过验证的数据源。此外，应明确指出任何假设、预测或主观解释，以免读者将其误解为确凿无疑的事实。

在处理有争议或敏感主题时，要特别谨慎，应避免生成可能加剧社会分歧、煽动仇恨或歧视的内容。这要求内容生成者具备良好的判断力，能够识别并回避可能导致负面社会影响的信息。

避免生成有害信息也是至关重要的，这包括不产生虚假的医疗建议、危险的行为指导或任何形式的网络欺凌和侵犯隐私的内容。生成此类信息不仅违反伦理原则，还会对个人和社会造成实际伤害，甚至触犯法律。

在技术层面，可以通过设置内容过滤器和审查机制来辅助内容的审慎选择。这些机制可以自动识别并阻止包含不准确、误导或有害信息的内容生成。然而，鉴于 AI 系统存在的不足，人工审查仍然是不可或缺的一环，以确保内容的合理性和适宜性。

AI 生成工具的使用者也应该了解这些工具的局限性和潜在风险，包括认识 AI 模型可能基于有偏见的数据，以及这些偏见如何影响生成内容的质量和公正性。通过教育和培训，使用者可以更好地评估生成内容的适宜性，并在必要时进行手动干预。

对于可能产生广泛社会影响的内容，开展跨学科的评估和咨询是一个有效的做法。集合法律、社会学、心理学和其他相关领域的专家意见，有利于评估内容的潜在影响，从而做出更加全面和负责任的选择。

7.2.2　验证生成的内容

在使用 AI 生成工具产生内容时，验证生成内容的准确性、合理性和有用性涉及对生成内容的仔细审查、对内容的编辑和修改，以保证其满足既定标准和目标。

准确性验证意味着对 AI 生成的信息进行事实核查，确保所有陈述、数据和引用都基于可靠的来源。在处理基于事实的内容，如新闻报道、学术论文或市场分析时，这一步尤为重要。事实核查可以通过对比权威数据源、参考文献或咨询领域专家完成。

评估内容的合理性涉及对其逻辑、结构和论述的审核，即使内容事实是准确的，也需要确保信息是条理清晰、逻辑连贯的。这包括检查论点是否完整、论证是否有力，以及信息是否以易于理解的方式组织。在这个阶段，可能需要对内容的结构进行调整，以增强其说服力和可读性。

验证内容的有用性可以确保信息基于受众的视角，符合其需求、兴趣和预期。对于教育材料、指导手册或营销内容等，有用性尤为重要。在这一过程中，需要增加实例、案例研究或实用建议，以提高内容的实用价值和吸引力。

当存在疑虑时，内容的编辑和修改是不可避免的，比如对特定段落或表述的重写、数据的更新，或者增加额外的背景信息以提供更全面的视角。编辑和修改应该以增强内容的准确性、合理性和有用性为目标，同时保持信息的原始意图和核心价值不变。

在技术层面，可以利用各种工具和资源来辅助内容验证过程，比如使用在线事实核查数据库、参考文献管理软件和逻辑检查工具可以提高审核的效率和效果。此外，AI 自身也可以作为辅助工具，通过自然语言处理技术来识别潜在的事实错误或逻辑漏洞。

跨学科团队的协作可以提高内容审核的质量。集合不同背景的专家，如内容领域专家、语言学家和数据分析师，可以从多角度对内容进行评估，确保其全面性和深度。与目标受众进行沟通，获得他们的反馈也是验证内容有用性的有效途径。

7.2.3　避免依赖单一数据来源

在利用 AI 生成工具时，对单一数据来源的过度依赖是一个常见的陷阱，AI 系统的输出质量和准确度在很大程度上取决于其训练数据的范围和质量。如果训练数据有限、偏颇或不全面，生成的内容就存在偏见、不准确或不完整问题。因此，要采取措施确保生成的内容尽可能全面和客观，其中一个有效的方法是结合使用多种数据和信息来源。

AI 模型，尤其是基于机器学习的模型，通过分析和学习大量数据来识别模式和关联。这意味着如果输入数据存在系统性偏见或范围有限，模型生成的内容可能会复制这些问题。因此，用户需要对 AI 生成工具的能力和局限性有清晰的认识，并在使用时保持批判性思维。

为了降低单一数据来源带来的风险，可以采取多元化数据源的策略，在生成内容时，结合使用来自不同出版物、研究机构和专业领域的数据和信息。多元化的数据源可以提供更宽广的视角，帮助识别和校正可能存在的偏见或误差，从而提高内容的全面性和可靠性。

即使使用了多元化的数据源，AI 生成的内容也需要人工审查以确认其准确性和适宜性。专业人员可以从他们的知识和经验出发，对内容进行深入分析，识别并纠正错误或不当之处。

在某些情况下，与领域专家协作可以显著提高生成内容的质量，专家可以提供深入的见解和评估，帮助发现在特定领域中 AI 模型可能忽视的细节。此外，专家的参与可以增强内容的权威性，为目标受众提供更加可信和有价值的信息。

对于需要基于复杂数据或具有争议性的主题生成内容时，应采用跨学科方法，基于不同学科知识和视角，以确保内容的全面性和平衡性。这种方式可以提高生成内容的质量和相关性。

技术手段可以减少 AI 生成工具对单一数据源的依赖，比如使用元搜索引擎、数据聚合工具和跨数据库检索平台可以获取和整合来自多个来源的信息。

这些技术工具可以提高数据的收集效率并扩大覆盖范围，从而提高生成内容的全面性和多样性。

在实践中，采用迭代的方法不断优化 AI 生成内容的过程也是有效的。这包括定期评估和更新数据源，以确保它们的时效性和相关性。同时，根据反馈和结果对 AI 模型进行调整，以不断改进其性能和输出质量。

7.3 AI 生成视频对个人隐私和权利的影响

随着 AI 技术的不断发展，生成视频的应用越来越广泛。然而，这些视频的生成和使用涉及一系列隐私和权利问题。

7.3.1 数据收集

在 AI 生成视频领域，数据收集是一个复杂且敏感的过程，涉及大量图像、音频和视频片段的获取和处理。这些数据的来源多样，既包括公共可获取的资源，也包括含有个人信息的内容。在数据收集阶段，确保透明度和合法性是保护个人隐私和权利的关键。

对于数据收集的透明度，所有使用数据的实体都应向数据提供者明确说明数据的用途、使用范围以及处理方式。这意味着隐私政策和用户协议中应详细阐述数据将如何被用于训练 AI 模型，包括数据的收集、存储、使用和分享的具体细节。此外，这些政策和协议应易于理解，避免使用过于技术化或晦涩难懂的语言，确保用户可以清晰地了解自己的数据将被如何使用。

数据收集的合法性要求严格遵守相关的法律法规，包括但不限于获取数据提供者的明确同意，确保数据处理的合法性，为数据提供者提供访问、更正和删除个人数据的权利等。在某些情况下，还需要进行数据保护影响评估，以评估数据处理活动对个人隐私的影响，并采取适当措施以降低风险。

在数据收集的过程中，还应采取必要的技术和管理措施来保护数据的安全，包括使用加密技术保护存储和传输中的数据、限制对数据的访问以及定期进行安全审计和漏洞检测等。这些措施可以防止未经授权的访问、数据泄露和其他安全威胁，从而保护个人信息不被滥用。

数据最小化原则也应在 AI 视频生成中得到体现，即仅收集实现特定目标所必需的数据，避免过度收集。在可能的情况下，应使用匿名化或去标识化的数据，减少处理个人可识别信息的需要。例如，AI 模型仅需要学习特定类型的物体或场景，而不需要识别视频中的个人，则应从数据中移除或模糊个人标识信息。

为了进一步保护个人隐私，数据收集实践中还应考虑采用隐私增强技术（PETs），如差分隐私、同态加密等。这些技术可以在不泄露个人信息的情况下，对数据进行分析和处理，为数据提供者提供更强的隐私保护。

在数据收集阶段还应鼓励用户参与和反馈，为他们提供足够的信息和工具，以便他们做出决定，控制自己的数据。这包括提供明确的同意选项、隐私设置和数据访问请求的处理机制。

7.3.2　共享和传播

在 AI 生成视频的共享和传播过程中，处理个人隐私的方式需格外谨慎，以防止潜在的隐私泄露和滥用风险。视频内容的分享和传播不仅可能暴露视频中个人的身份信息，还可能传播背景中无意中捕捉到的敏感信息。因此，制定明确的规定，界定谁有权使用这些生成的视频以及在何种情况下可以分享，是至关重要的。

建立明确的使用和共享原则，确保所有利用 AI 生成视频的个人或实体都清楚地了解他们的权利和责任，包括在用户协议和隐私政策中详细说明视频内容的可能用途，以及对视频的使用和共享所施加的限制。

对于视频内容的共享和发布，应获得视频中所有可识别个人的明确同意，特别是当视频内容可能涉及敏感信息时。即使是公开场合的录像，也应考虑被录制者的隐私权，尤其是在没有明确通知的情况下。

需要设立适当的机制，以验证共享和发布视频内容的个人或实体是否有权利这样做，包括实施身份验证措施、签订授权协议或使用数字版权管理技术，以确保只有获得授权的用户才能分享或发布内容。

在视频内容的传播过程中，应采取技术措施来保护个人隐私。这包括使用面部模糊技术、去标识化或匿名化技术，尤其是在处理包含大量个人数据的视频时。在这些技术措施的支持下，即使视频被广泛传播，也能最小化对个人隐私的影响。

制定内容审核和监控流程意味着在视频被发布到公共平台之前，应进行内容审查，以确保不包含任何未经授权的个人信息。此外，应实施监控机制，以便在视频被不当分享或传播时迅速采取行动。

为了进一步保护个人隐私，分享和传播 AI 生成视频时，应鼓励用户和实体采用加密和安全传输手段。这有助于防止在传输过程中的数据泄露，确保只有授权接收者才能访问视频内容。

7.3.3　人脸识别和身份

人脸识别技术在 AI 生成视频中的应用引发了人们对个人隐私和身份保护的深刻关注。生成的视频内容包含真实人物的面部特征，不仅涉及技术的精确度和应用范围，还牵扯个人隐私权、数据保护和伦理道德等一系列问题。因此，在使用人脸识别技术时，必须慎重考虑其对个人隐私的影响，并采取适当的保护措施。

在收集和使用包含人脸数据的视频内容前，必须明确告知个人并获取他们的同意，同时确保个人完全理解其面部数据如何被收集、使用和存储，以及他们有权拒绝或撤销同意。

对于使用人脸识别技术的目的和范围，需要设定明确的界限，人脸识别技术不应被用于侵犯个人隐私或进行不道德的监控活动。任何使用人脸数据的行为都应有正当的理由，并受到严格的限制，以确保不侵害个人的隐私权。

实施数据最小化和去标识化措施，在可能的情况下，应尽量减少处理真实人脸数据的需求，或者在不影响技术目的的前提下，通过去标识化或匿名化处理来降低隐私泄露风险。例如，在生成训练数据集时，可以通过技术手段模糊或替换视频中的面部特征，以保护被录制者的身份。

采用强大的数据安全措施，包括使用加密技术保护数据存储和传输的安全，实施访问控制策略限制数据的访问权限，以及定期进行安全审计和风险评估，确保安全措施的有效性。

在法律和道德层面，应遵守相关的隐私法规和伦理标准，各国和地区对于人脸识别和个人数据保护有着不同的法律要求。遵守这些法律不仅是法律义务，也是对个人隐私权的基本尊重。

对于可能受到人脸识别技术影响的个人，应提供充分的信息和工具，使他们能够控制自己的面部数据。这包括提供查看、更正或删除个人面部数据的选项，以控制数据的使用和共享。

开展公众教育和意识提升活动，提高人们对人脸识别技术及其潜在的对隐私的影响的认识。通过教育活动，公众可以更好地了解如何保护自己的面部信息，以及在面对人脸识别技术时如何行使自己的权利。

在技术发展迅速的今天，人脸识别技术的应用场景日益广泛，从安全验证到个性化服务，再到 AI 视频生成，其便利性和高效率为社会带来了显著的益处。然而，这种技术的普及也带来了隐私侵犯的风险，特别是在没有适当监管和控制的情况下。因此，建立一个公正、透明、责任明确的框架，对于平衡技术创新和个人隐私保护至关重要。

在实践中，应鼓励技术开发者和应用者采用隐私设计和默认隐私设置，将隐私保护措施内嵌于技术开发和应用的每个阶段。这包括在设计 AI 系统和算法时，考虑如何最小化对个人数据的依赖、如何保护个人数据的安全，以及如何确保数据处理的透明度和可解释性。

7.3.4 知识产权

在 AI 生成视频的过程中，知识产权是一个关键的考量因素。随着技术的发展，AI 工具能够自动生成包含音乐、图像等元素的复杂视频内容。这些元素很可能受到著作权保护，因此在使用这些素材时必须严格遵守著作权法，以避免侵权行为。确保 AI 生成的视频既具有创意又不侵犯知识产权，对于维护创作者的合法权益和促进健康的创新环境至关重要。

理解著作权法的基本原则是避免侵权的前提，著作权法旨在保护原创作品免受未经授权的使用和复制。这意味着，未经著作权人的明确授权，使用受著作权保护的音乐、图像或视频片段进行视频制作和发布，可能构成侵权。

AI 生成视频中使用的所有受著作权保护的素材都应事先获得相应的授权，这可能涉及获取许可证、支付著作权费用或遵守特定的使用条件。在某些情况下，可以考虑使用公共领域的资源或那些根据创意共用许可证发布的素材，这些素材允许在特定条件下自由使用。

合理使用原则在一些情况下适用，允许未经授权使用受著作权保护的材料，但这通常限于非商业性、教育性或研究性的用途，并且对使用的范围、性质、目的和影响有严格的限制。理解和正确应用合理使用原则，需要对相关法律有深入的了解和专业的判断。

在技术层面，可以开发和应用工具来帮助识别和管理视频内容中的受著作权保护的材料。例如，数字版权管理（DRM）系统和内容识别技术可以自动检测视频中的受著作权保护的内容，并帮助管理著作权许可和使用权。

知识产权的保护涉及 AI 生成内容本身的权利归属问题。随着 AI 技术的发展，AI 创作的作品是否能够被认为是原创作品，以及这些作品的著作权归属应该如何界定，成为法律和伦理领域面临的挑战。因此，制定相关的政策，明确 AI 生成内容的权利归属和使用规则，对于确保法律明确性和公平性至关重要。

7.4 真实与虚假：AI 生成的内容是否应该被视为真实？

随着 AI 技术的进步，我们面临着一个关键问题：AI 生成的内容是否应该被视为真实？

7.4.1 虚假信息

在当前的信息时代，AI 生成的内容在为人们提供便利的同时，也带来了虚假信息传播的风险。这种风险既可能源自无意的错误，也可能源自有意为之的虚假信息。因此，对 AI 生成的内容进行审查，确保其准确性和真实性，成为一个不可忽视的责任。虚假信息的传播会对个人、组织乃至社会造成不可预测的严重后果，因此必须对 AI 生成的内容持谨慎态度。

虚假信息的产生可能是由于 AI 训练数据的偏差或不准确，生成的内容无意中包含了错误或误导性信息。虚假信息的产生也可能是由于恶意个体利用 AI 技术有意创建和传播虚假内容，以达到误导公众、破坏信任或进行舆论操纵的目的。

针对无意中产生的虚假信息，需要通过提高 AI 系统的训练数据质量和多样性来解决，包括从可靠和权威的数据源收集数据，进行充分的数据清洗和预处理，以及确保数据集覆盖广泛的情景和背景，减少偏差。此外，增强 AI 模型的透明度和可解释性，可以帮助开发者和用户更好地理解 AI 生成内容的依据和过程，及时发现和纠正潜在的错误。

对于有意制造的虚假信息，需要采取更主动和综合的措施，包括开发和部署先进的内容检测工具，利用机器学习和自然语言处理技术识别和过滤虚假内容。同时，加强与平台运营商、媒体机构和政府部门的合作，共同打击虚假信息的传播，是至关重要的。

在内容审查方面，采用混合的人工和自动审查机制是一个有效的策略，自动化工具可以快速处理大量数据，识别潜在的虚假内容，而人工审查可以保证更深层次的理解和判断，处理复杂和模糊的情况。这种混合机制可以提高审查的效率和准确性，确保 AI 生成的内容的真实性和可靠性。

教育公众如何识别和评估信息的可靠性，培养公众的批判性思维，可以增强社会对虚假信息的免疫力。此外，为内容创作者和 AI 技术专业人员提供伦理和责任教育，强化他们在内容生成和传播中应承担的责任，对维护信息生态的健康同样重要。

7.4.2 深度伪造

深度伪造技术的发展为 AI 生成内容的真实性辩论增添了新的维度。这项技术能够创建极其逼真的视频、音频和图像，其中的人物和场景与现实世界几乎相同。深度伪造内容的逼真程度足以误导观众，甚至能够欺骗专业人士，给社会、政治和个人隐私带来潜在的风险。因此，教育用户识别深度伪造内容，并提供相应的工具来检测和验证内容的真实性，成为一个紧迫的任务。

通过各种媒介和渠道普及深度伪造技术的知识，帮助公众了解这项技术的工作原理、应用范围和可能的影响，是提高公众识别能力的基础。教育内容应包括深度伪造内容的常见特征、识别技巧以及应对策略等。

随着深度学习技术的发展，研究人员已经开发出多种算法和工具，能够分析视频、音频和图像中的微妙差异，以识别 AI 生成的内容。这些工具通过分析肢体语言、面部表情、眨眼频率、语音模式等细微特征，区分真实内容和深度伪造内容。将这些工具普及给公众，可以帮助他们验证收到的信息，降低被误导的风险。

政府、科研机构、技术公司和媒体等多方应携手合作，共同开展技术研发、标准制定、法律监管和公众教育等工作。集合社会各界的智慧和资源，可以构建一个多层次、全方位的应对体系，有效防范深度伪造技术的滥用。

在法律和政策层面，需要制定和完善相关法律法规，明确界定深度伪造内容的法律责任，制定对制造和传播虚假信息行为的处罚措施。法律的制定和执行不仅可以对潜在的违法行为产生威慑作用，还可以为受害者提供救济途径。

鼓励和支持伦理研究，探讨深度伪造技术的道德边界和社会责任。技术开发者和使用者都应遵循伦理准则，确保技术应用不损害公共利益和个人权益。通过伦理教育和实践，培养责任感强、道德意识高的技术从业者和用户，对于促进技术的健康发展和社会的和谐发展有着不可估量的价值。

7.4.3　信息可信度

在信息泛滥的互联网时代，用户在浏览网络内容时判断信息可信度的难度日益增加。AI 生成的内容，以其高度逼真的特性，无疑加剧了这一挑战。用户很难区分哪些内容是基于事实的，哪些内容是经过 AI 处理或完全由 AI 创造的。因此，鼓励用户培养批判性思维，不轻信一切信息，并提供可靠的信息来源和验证机制，对于维护网络信息环境的健康至关重要。

培养用户的批判性思维意味着教育用户不仅要关注信息的内容，还要关注信息的来源，分辨信息背后的意图和潜在偏见。提供教育资源和举办公共讲座，可以增强公众对 AI 技术及其在内容创作中应用的理解，使用户意识到即使是看似真实的内容也可能是被伪造的。

建立和推广验证机制，帮助用户确认信息的真实性，其中包括开发 AI 辅助工具来帮助用户验证新闻报道、社交媒体帖子和其他在线内容的真实性。例如，一些工具能够追踪图片或视频的来源，检查内容是否经过修改或在特定上下文中被曲解。这样的工具可被集成到浏览器插件、社交平台或新闻聚合应用中，为用户提供即时的可信度评估。

媒体机构、内容创作者和技术平台应当采取措施，明确标示内容是否由 AI 生成或经过 AI 处理，甚至说明内容生成过程。通过这种方式，用户可以清楚地了解内容的来源和制作背景，做出更加明智的判断。

政府和监管机构可以制定政策，要求内容平台实施内容验证措施，打击虚假信息的传播，并保护用户免受误导。此外，政策制定者可以与技术开发者、媒体组织和教育机构合作，共同开展公众教育活动，提高大众对 AI 生成内容所带来的挑战的认识。

促进社区内的互动和对话对于判断信息的可信度也有积极作用。在线社区和论坛可以成为用户验证信息、分享见解和讨论内容真实性的平台。在这些平台上，经验丰富的用户和专家可以帮助其他成员识别可疑内容，并提供有关验证信息真实性的建议和资源。

结语　从 Sora 窥见未来：
通往 AGI 之路

模态（Modality）：在 AI 领域，模态近似人类感知世界的不同方式。就像我们可以通过看、听、读来获取信息一样，AI 通过不同的数据类型来学习和理解世界，这些数据类型就是所谓的"模态"，包括图片（视觉）、声音（听觉）、文字等。多模态学习是指让 AI 同时使用多种方式（比如同时看图片和听声音）来学习，这样它就能更全面地理解内容。

当你看一幅绘画作品并听到导游在一旁的讲解时，你的大脑会同时处理视觉和听觉信息，这就是一种多模态的体验。同样地，多模态 AI 系统可以同时分析图片（视觉模态）和文本（文本模态）以更准确地理解内容。

涌现（Emergence）：一个系统的整体展现出一些新的属性或行为，而这些属性或行为并不是系统中的任何单个部分所具有的，我们将这种现象称为涌现。就像一只蚂蚁单独的行为比较简单，成群结队的蚂蚁却能展现出复杂的行为模式，这种群体智能就是涌现的一个例子。在 AI 中，当一个模型的规模变得非常大时，它可能会展现出一些意想不到的新能力，这种现象也被称为智能涌现。智能涌现意味着模型的某些功能或反应不是由单个参数或数据点决定的，而是整个网络复杂交互的结果。

智能涌现就像一道门槛，比如一个大语言模型在出现智能涌现之前表现得非常一般，但是一旦跨越这道门槛，它的能力就会得到突飞猛进的发展，可能突然能够生成非常自然的语言，解决复杂问题，甚至进行创造性思考。简而言之，涌现就是整体大于部分之和的现象。

Sora 的训练依赖海量的数据灌输，正是这些数据帮助 Sora 学会理解和模拟现实世界。就像一个孩子通过不断地观察和学习来理解世界一样，Sora 通过分析这些庞大的数据集来掌握如何创造出逼真的视频内容，这个过程中的每一个细节都必须精细地捕捉和学习，从而确保生成的视频既真实又引人入胜。

对数据的苛求引出了另一个问题，就是之前我们所讲过的数据标注问题。数据标注这件事情看起来很简单、很不起眼，可事实上数据标注是数据处理之中最困难的一个部分。

数据标注难就难在数据的巨大体量和它的复杂程度，模型的训练依托高质量的数据标注，而高质量的数据标注建立在大量的人力成本和时间成本的堆积之上。

除了数据标注问题，算力上的投资是又一个应考虑的问题，在前面的内容中我们曾介绍过一组算力差异对模型影响的例子，见下图。

在不同算力资源的投入下，模型最终所表现出的效果差别是巨大的，在32 倍算力的情况下，视频的最终呈现已经让人无法分辨真假。

互联网上存在一种论调，即 Sora 是一种"大力出奇迹"的产物，在大模型这条赛道上，算力的投入是一个极其重要的硬性指标，高质量的数据标注＋高算力对于模型的质量提升有着非常大的助力。

发展到今时今日，大模型在架构层面已

基础算力

4倍算力

32倍算力

算力差异下的视频表现

经逐渐明晰，所有的基础理论也比较完备。

可以预见的是，在 Sora 之后，会有越来越多的视频生成模型踩着 OpenAI 的脚印达到今天 Sora 的高度，这种情况在 ChatGPT 的身上已经发生过一次。ChatGPT 的横空出世使全世界的注意力都转向了大语言模型，时至今日已经有非常多的大模型能够达到 ChatGPT 的能力水平。

与此同时，OpenAI 也不会停止自己的脚步。加上 Sora 这块拼图，目前的 OpenAI 已经从媒介的角度完成了文本（ChatGPT）、图片（DALL·E）、视频（Sora）的多模态全能模型的部署，在 Transformer 的框架下完成了统一。

自然而然的，我们可以根据这些预测 OpenAI 的下一步动作——GPT·5。

在所有前置条件都已经完备的情况下，可以说 GPT·5 的到来是水到渠成的事情。将所有模型放在统一的框架下进行训练，GPT·5 将成为第一个真正意义上的多模态全能模型。

Sora 的到来还有一个重要的意义，那就是它让 AI 从数学的角度真正掌握了时间的概念——视频就是事件在时间维度上的有序排列。理解时间能够让 AI 正确理解物体在空间上的位置变化关系，换句简单的话，时间与空间的统一让 AI 有了掌握我们这个世界物理规律的能力。这也正是 Sora 自称为"世界模拟器"的底气所在。

在此前的模型训练中，各模态模型之间的训练数据是"隔离"的，ChatGPT 只能在文本数据中进行训练，DALL·E 只能从像素序列中获取知识，Sora 也只能从视频和图像中学习规律。虽然条件化模块使 DALL·E 与 Sora 有了一定阅读文字的能力，但是那也只是一些简单的提示词，它们对文字与知识的理解能力根本无法与 ChatGPT 相比。

GPT·5 的统一架构将彻底打破这种数据隔离，所有模态都将能够从彼此的知识量中获取养分。

单一模态的训练数据是非常有局限性的，只从一种渠道获取知识终归太过片面，这就像盲人摸象，片面的知识获取所导致的只能是片面的理解。

一旦打破这面模态之间的墙壁，所带来的效果远不是 1+1=2 这么简单。通过文字，AI 可以倾听人类的总结，学习人类数千年所积累的知识与经验。通过"看"世界，AI 可以将自己所学习的知识与现实世界一一对应，进而从数学上、从物理上、从时与空的各个维度上理解这个世界。打破模态之间的墙壁会使 AI 对世界的理解趋于完善，就像一个从小被蒙着眼睛的小孩，他对于色彩、对于清晨与朝阳的理解只能局限于周围人对他的描述，而一旦拆掉他眼前的黑布，他就能迅速地明白这个世界究竟是怎样的。

就拿 DALL·E 模型来说，之前我们曾进行过尝试，结果发现根本没有办法对它进行太过精细的控制。我们只是想让小红帽在画面中换一个姿势，蹲下来看一看路边的花花草草，但是 DALL·E 不太明白我们的真实诉求。也许在它的理解中，天空、树木与小红帽之间存在着某种神秘的联系，"蹲下"这个词所蕴含的意义是让画面的整体都发生某种不可思议的联动。

而当它具有真正理解文字的能力之后，模型就能比照着人类、树木、草丛、小路、衣物在现实世界的含义与规则，理解这幅画面中每一件物品、每一种元素之间的正确关系，也就能真正地理解我们的意图，对画面细节进行修改。

而这就是 AI 迈入 AGI 殿堂的第一步。

那么我们离这个读得懂书、看得懂画、能理解时间与空间的超级 AI 还有多远呢？这个时间可能会出乎你的预料——也许一两年之内我们就能见识到它的诞生。

在结语的开头，我们讲解了什么是智能涌现，就是为了让大家理解 AI 的发展并不是一个线性的过程，在达到某个节点之后，AI 的发展速度会呈现突然的爆发式增长。根据目前 Sora 以及 ChatGPT 的表现，AI 正游移在爆发的临界点，我们正身处下一次大规模智能涌现的前夜。